建設業経理検定試験制度の沿革と展望

（一財）建設業振興基金
理事長
内田 俊一

経済構造大転換の中で

建設業振興基金が創設された，1975年当時の建設産業界は，政府の総需要抑制策による建設投資の激減と資金繰り難という二重苦への対応の一方で，高度成長経済から安定成長経済への大転換に備えた構造改善を迫られていました。こうした中，建設業振興基金は，中小建設業が共同して取り組む構造改善事業に対して，債務保証事業等を通じて金融面から後押しする事業，そして新しい時代に対応できる経営の近代化を推進する事業，この２本柱で出発しました。その後，建設産業の置かれるそのときどきの状況に応じてさまざまな事業に取り組んできましたが，この２つの事業の重要性は変わらず今に至っています。

基幹事業のひとつである経営近代化への取り組みがまず目指したのは，いわゆる「どんぶり勘定」からの脱却でした。そのためには，他産業にない特殊な会計処理が必要とされる建設業会計を理解し的確に処理できる人材の育成が急務です。振興基金では，設立直後から建設業会計に関するテキストを整備し，講習会を開催していましたが，専門的な知見を持つ人材の十分な蓄積を図るという目標に対してあまりにも迂遠な取り組みといわざるを得ませんでした。講習を受けたというだけでは，せっかく専門的な知識やスキルを身につけても社内での評価・活用につながらないという指摘もありました。

こうしたことから建設業経理を適切に処理できる能力を認定する制度の創設が不可欠として，1978年，専門家よりなる「建設業会計専門委員会」を設置して議論を重ね，1981年１月にはさらに「建設業経理検定委員会」を設置して具体的な制度設計に着手しました。こうした積み重ねの末，建設業界の理解を得，関係方面との調整を経て「建設業経理事務士」の第１回検定試験が行われたのは，1982年３月でした。当初は３級と４級のみ，その後２級，１

級財務諸表，１級財務分析と整備を進め，１級原価計算が追加されて検定制度としてフル装備になったのは1987年３月です。この時実施された試験によって，599名が１級３科目すべてに合格し，初の「１級建設業経理事務士」が誕生しました。

建設業経理事務士検定試験は，1984年に建設大臣認定の試験となり，1994年には経営事項審査のいわゆる客観点数として建設業経理事務士の資格者数が対象となりました。その後公益法人改革の中で数次にわたり見直しが行われましたが，中央建設業審議会の審議を経て，2006年度から１級，２級については国土交通大事の登録を受けた登録経理試験として実施されることとなり，名称も建設業経理士検定試験となりました。2008年度には社内の１級建設業経理士が経理実務責任者として自主監査する場合に経営事項審査の加点対象とされました。これらの見直しは，建設業経営の改善が依然として重要な政策課題であり，建設業経理士制度がそこで大きな役割を果たすべきだという建設省，国土交通省の一貫した認識に基づいて行われたものといえます。

社長たちの挑戦を支えるために

第１回の試験が行われてから36年を経過しますが，その間に１級２万5,785人，２級30万2,442人をはじめ，累計80万5,578人の有資格者を世に送り出してきました（2018年３月現在）。

最近の合格者のデータをみると，女性の健闘が目につきます。合格者に占める女性の比率を見ると２級では過半数を占めており（2016年度61％），１級は全体では38％ですが，年間完成工事高150億円未満の企業に所属している合格者でみると女性合格者が52.6％を占めています。建設業経理士の活用を進めることが女性の活躍の場の拡大につながる，この資格の新しい役割が見えてきそうです。

次に目につくのは，建設業経理事務士３・４級特別研修によって資格を取得した高校生の増加です。平成22年に３級25人，４級54人の講習による資格取得者がありましたが，５年後の27年には３級370人（14.8倍），４級1,304人（24.2倍）と急増しています。高校生と建設産業をつなげるツールとして注目されつつあるということだろうと思います。

このように建設業経理士・経理事務士の新しい意義が見えつつあるものの，この資格が実際の企業現場でどのように活用されているのか，残念ながらその実態の把握はできていないのが現状です。まず実態を把握すること，これが次の展開を考える大前提だと考えています。

国土交通省はこのほど「建設業働き方改革加速化プログラム」を発表しました。「働き方改革」への大胆な挑戦を建設産業に求めるものです。柱は，「週休２日の導入を中心とした長時間労働の是正」，「技能と経験にふさわしい給与と社会保険加入の徹底」，「建設生産システムのあらゆる段階における生産性の向上」の３つです。いずれも産業間競争に勝ち抜きながら担い手不足の時代を乗り越えていくためには避けて通れない課題ですが，かなりの企業体力を必要とする課題であることは明らかです。

建設業経理事務士検定制度の発足は，高度成長から安定成長へという経済構造の大転換に建設産業が対応していくための取り組みの一環だったということをご紹介しました。現在，建設産業はその時代に匹敵する大きな状況変化に直面している，そういって過言ではないでしょう。

働き方改革に挑戦するためにしっかりと経営体力をつける，その決意が社長たちに問われています。経営体力をつけるとは，受注したひとつひとつの工事からきちんと利益をあげていくことに他なりません。建設業経理士（１級・２級），建設業経理事務士（３級・４級）の出番ではないでしょうか。挑戦する社長たちを支えるために建設業経理士・経理事務士はどのような能力を持つべきなのか，基本に立ち返った検討が必要だと思われます。

また建設業経理事務士３・４級については，高校生と建設業をつなぐツールという新しい役割も見えてきています。この資格を持っていると建設業で働くときにどんな役に立つのか，この資格を持つ高校生はどんな知識やスキルを持っているのか，高校生や採用する経営者の疑問に答えを出していかなければなりません。制度創設にかけた先輩たちの思いに匹敵する熱意と知恵で，建設産業界からの要請に応えられる制度への磨き直しを行うことが求められています。

建設業の経理 Construction Accounting
2018 No.83

最終特別号　前編

建設業経理検定試験制度の“あゆみ”

建設業経理検定試験委員の経験20年

専修大学大学院 教授
一橋大学 名誉教授
安藤 英義

建設業経理（士）検定試験は，建設業経理事務士検定試験だけの時代を含めて，今年で制度発足37年（試験実施から36年）になる。当制度にはこれまで，多くの会計学者をはじめ公認会計士，税理士及び業界関連団体役員が関与してきた。制度に変化はあったが，現役の関係者（建設業経理検定試験委員会委員）として私は，東海幹夫委員（一般財団法人建設産業経理研究機構理事長）に次いで古顔であり，今年で経験20年になる。この間には，思い出深いことがいくつかある。

平成10年（1998年）9月，私は建設業経理事務士検定試験委員会委員を委嘱された。この前から同委員就任の要請を受けていたが，私は一橋大学商学部長の任期が終わるまで待って頂いた。当時の国立大学では，学部長を含む大学執行部構成員の学外兼業は厳しく制限され，政府関係筋の兼業を除いて原則禁止であったからである。ところが，同年12月に私は一橋大学附属図書館長に選任され，困ったことになった。附属図書館長も大学執行部の一員なのである。しかし，建設業振興基金が当時は公益法人（財団法人）であったことと，すでに試験委員に就任していたことから，何とか（大学側が定めた一定の条件の下で）委員を続けることができた。大学の本務優先が当然とはいえ，この頃（平成16年4月に国立大学法人となる前）の国立大学は厳しかった。

私が委員に就任した建設業経理事務士検定試験委員会は，委員長（稲垣冨士男先生）を含めて5人の委員から成り，試験問題の作成が主要な任務である。同委員会では，委員の間で分担して作成した試験問題の原案を持ち寄り，1問ごとに時間をかけて全員で検討する。出題の範囲，難易度，分量，文章や数字の適切性，さらに他の問題と内容の重複がないかをチェックし，その結果，作問のやり直しも珍しくない。1回の試験に，作問のためだけに2回の試験委員会（1回5～6時間）が必要である。こうして試験委員会で詰めた試験問題は，さらに上の委員会（建設業経理事務士検定制度委員会。委員長は飯野利夫先生）に試験問題案として上程され，議決を経て確定する。このような手数をかけた試験問題の作成及び決定方式は，試験問題の品質保持に優れた方式であり，（両委員会の名称変更等はあっても）今日まで変わっていない。

平成18年（2006年）4月施行の建設業法施行規則の改正を機に，建設業経理事務士検定試験の1級及び2級を登録経理試験とし，名称を建設業経理士検定試験（1級，2級）とすること，加えて試験の実施を年２回（９月と３月）とすることとなった。事務局側の発案による試験の年２回化について，試験委員の中には慎重論もあった。たしかに，試験問題の決定に至る上記のプロセスを年２回行うのであるから，会議日程の調整からして大変である。当初は日程編成に苦労したが，試行錯誤と工夫を重ねて，数年後には年間の日程も恒常化できた。この前後から試験委員の世代交代（第２世代から第３世代へ）が進み，今では試験の年２回化後に試験委員に就任した者（第３世代）がほとんどである。

平成23年（2011年）３月11日（金），東日本大震災及び（福島第一）原発事故が発生した。その２日後の３月13日（日）に，平成22年度下期試験（第９回建設業経理士検定試験・第30回建設業経理事務士検定試験）が予定されている。この試験を予定どおり実施するか，中止するか，あるいは被災地を中心に一定の地方を除いて実施するか，の判断は急を要した。結果として，最後の選択肢によって（東北地方の６試験地，関東地方の７試験地を除いて）予定日に試験を実施した。この時，私は試験委員会委員長として事務局の判断に同意したが，事務局の情報収集と判断そして事後処理（とくに中止試験地の受験申込者への受験料返還）は見事であった。他の団体では，春に予定していた全国規模の試験を中止したところが多い。そんな中で，我々が経理検定試験を（一部の地方を除いて）予定どおり実施したことに，他団体の関係者の間で「よくやったな！」と話題になったという。振り返って，我々の試験予定日が震災直後であり，他団体の動向を知る間もなかったことが，結果に影響したのは間違いない。

一昨年まで私は，試験実施日に本部待機をしてきた。この待機は，建設業経理検定試験委員会の下に設置された（同委員会委員のうち５名で構成する）検定試験問題審査会（いわば作問部会）の委員長（兼務していた）の仕事である。この待機は，試験日の全試験時間にわたって試験本部の一室で行う。部屋には，当日の試験実施に必要な諸資料が置かれている。私は，各科目の試験開始時間の直前から，当該試験問題に目を通す。万一，問題の不備に気付けば直ちに試験本部事務局（から各試験現場）に伝える気構えで，試験開始後の一定の時間までこれを行う。その後は，試験現場からの質問や指摘に備えて，文字通り待機する。現場で何かあって，連絡を受けた本部事務局で対応しきれないときは，事務局の要員が部屋に駆け込んでくる。実際，こういうことが長い間には何度かあった。その場合，別に待機している試験担当役員も加わって，事務局要員と緊急会議となる。対応策をごく短時間に決めて，事柄によっては全試験現場にそれを直ちに伝達する。何事もなく全試験が終わる普通の場合でも，本部待機は緊張の連続である。

最後に，当検定試験制度の草創期に関与した高名な会計学者について触れておきたい。関係資料によればそれは，制度の予備的検討段階で青木茂男（早稲田大学教授），制度の構築段階で黒澤清（横浜国立大学教授），飯野利夫（中央大学教授），会田義雄（慶応義塾大学教授），稲垣冨士男（青山学院大学教授），森藤一男（明治学院大学教授）の今は亡き諸先生である。このうち，試験委員（長）を長年務められた飯野先生と稲垣先生には，私が委員に加わってからお会いする機会が多かった。経験豊かな両先生から多くを学んだ者として，私には，学んだ経験を次の世代の委員に伝える使命があると感じている。

建設業経理検定試験制度の特徴と展望

一橋大学大学院経営管理研究科
教授
万代 勝信

建設業経理検定試験の特徴

建設業経理検定試験は，一般財団法人建設業振興基金が実施する，国土交通大臣登録経理試験である。１級の試験科目は，財務諸表，原価計算，財務分析の３科目であり，建設業簿記，建設業原価計算および会計学を修得し，会社法その他会計に関する法規を理解しており，建設業の財務諸表の作成およびそれに基づく経営分析が行えるかどうかを判定する試験である。これに対して，日本商工会議所が実施している日商簿記検定１級の試験科目は，商業簿記，会計学，工業簿記，原価計算の４科目であり，大学で専門に学ぶ者に期待するレベルである。

これら２つの検定試験の試験科目を比べてみてすぐに気がつくことは，日商簿記検定１級には財務分析がないことである。また，原価計算という試験科目は同じであっても，建設業という業種の特徴により，建設業経理検定試験では個別原価計算を中心としている。さらに，建設業が別記事業であるため，財務諸表についても日商簿記検定の商業簿記，会計学と同じではない。まず最後の点から見ていこう。

① 別記事業であること

一般的な企業は，上場会社であれば金融商品取引法と会社法に，非上場会社であれば原則として会社法に従えばよい。しかし，建設業法第３条に基づき建設業の許可を受けた企業は，建設業法，建設業法施行規則等にも従う必要がある。したがって，財務諸表の試験では，金融商品取引法，会社法さらに建設業法についての理解も問われることとなる。

また，建設企業は，貸借対照表，損益計算書等を作成し，提出する必要があるが，それらの様式や作成要領等は建設業法施行規則や告示により定められている。例えば，一般の損益計算書では売上高，売上原価という科目が用いられるが，建設企業では完成工事高，完成工事原価という科目を用いなければならない。このように建設業固有の科目を理解することが必要となる。

② 請負業であること

建設業の特徴のひとつは請負業であることであり，そのため同一種の生産物を多数提供するのではなく，個別の生産物を提供する。したがって，そこで必要とされる原価計算は，１つの製造指図書に指示した生産品数量を原価集計単位として，その生産活動について費消した原価を把握する個別原価計算である。

建設業振興基金が監修し，建設産業経理研究機構が編集・発行する『建設業会計概説１級原価計算』を紐解くと，第１部原価計算の基礎では原価計算の概略が述べられた後，第２部建設工事の原価計算で個別原価計算が，第３部建設資材等の製造原価計算では必要な限りで総合原価計算が説明されている。さらに，今日における原価計算の発展は，単なる原価の集計計算を超えて，原価管理を通じた管理会計化に進んでおり，前掲書の第４部ではその基本が説明されている。つまり，個別原価計算を中心としながらも，必要な範囲で総合原価計算の知識や，原価管理についての知識も問われることとなる。

③　財務分析の能力も要求されること

もうひとつの特徴は，建設業経理検定試験１級の試験科目に財務分析が含まれていることである。このことは，企業の日常の経理業務において日々の取引の記録を行ったり，期末に財務諸表を作成することだけを目指すのではなく，アウトプットされた財務諸表の分析を通じて企業の実態を把握し，より良い経営に活かす能力が問われていることを意味している。期間比較によって企業の安全性や収益性の趨勢を捉えたり，あるいは他企業との比較によって自社の状況を相対的にみることは，企業経営においては非常に重要なことである。このような能力を有しているかどうかが問われることもこの検定試験の特徴のひとつである。

建設業経理検定試験の展望

国土交通省のホームページ[*1]によれば，平成30年３月末現在の建設業許可業者数は46万4,889業者である。日本取引所グループのホームページ[*2]によれば，我が国の上場会社の数は約3,600社であることを考えれば，建設業許可業者の99.9%が中小企業である。

＊１　http://www.mlit.go.jp/report/press/totikensangyo13_hh_000568.html

＊２　http://www.jpx.co.jp/listing/co/index.html

建設業の許可を受けている建設業者が公共工事に入札しようとする場合には，国土交通省令で定めるところにより，その経営に関する客観的事項について審査を受けなければならない。経営事項審査は，規模，経営状況，技術力，社会性等が総合的に審査されるが，22の審査項目のうち10項目が財務データをもとに審査される。また，社会性等の中で，監査の受審状況が審査項目として設けられており，会計監査人設置会社，会計参与設置会社，自主監査実施会社に対してプラスの評価が与えられる。ここで自主監査とは，１級建設業経理士である役職員が，自社の決算書が「建設業の経理が適正に行われたことに係る確認項目」に準拠していることを確認した上で，署名押印することをいう。上で見たように，建設業許可業者のほとんどが中小企業である実態を考えれば，中小の建設企業に従事する方々が建設業経理検定試験１級を積極的に受験することが期待される。

建設業経理検定試験の特徴で述べたように，この検定試験では財務諸表の作成能力だけではなく，アウトプットされた財務諸表を読み解く能力も必要とされる。これは，会計基準というルールに従って財務諸表を作成することで企業の適正な経営成績や財政状態を知ることが重要であること，さらに財務データという証拠に基づいて経営を分析することで，会社全体を俯瞰的にみることが重要なことを意味する。建設業経理検定試験は，このような能力を問う試験であり，今後とも簿記会計に関する重要な資格試験のひとつとして存続することになろう。

経済発展と簿記会計の力

放送大学 客員教授
公認会計士
中村 義人

会計言語

人間社会にとって最も根源的な制度として言語・法・貨幣があげられる。この３つの要素をすべて備えているものが「会計」である。これらの要素のうち「言語」は，次の３つに分類することができる。

① 自然言語　日本語，英語など
② 機械言語　パソコン，インターネットなどのITにおいて使用する言語
③ 会計言語　経営管理・情報の表現としての世界共通の言語

これらの言語は，経営者に必要な要素であるが，さらにすべてのビジネス・パーソンにとって必須のリテラシーであるといえよう。自然言語の中でも英語は，世界中で話されており，その習得は学校教育で制度化されているが，過去に普及した言語をみれば，ラテン語，スペイン語，フランス語，英語とその変遷が著しい。英語は，元はイギリスの地方言語であり，大英帝国から米国へと国力移転に伴って広まってきたが，今後AIの進化により言葉の壁がなくなる時代が来そうである。また，機械言語はその習得がなくてもインターフェイスの発達により，キーボードや口頭でも目的が果たせるようになった。

会計言語は，今日世界共通の言語として認識されている。会計の技術的性質を有する簿記について言えば，すべての国で共通の技術として使用されている。会計は「記録と慣習と判断の総合的表現」と言われるように，各国で微妙な相違があるが，国際的に統一されつつある。この統一された会計は「国際財務報告基準（IFRS）」と呼ばれ，世界166か国で導入またはその予定がされている。世界には196の国があり，その内英語を公用語としている国は58か国であることから，この166か国という数字は大変なものである。

経営の情報化

経営状況の評価には定性的，定量的な様々の測定方法があるが，その中で，規則化され統一されたものが会計である。半世紀前，米国会計学会では，「会計とは，情報利用者が判断や意思決定を行うことができるように，情報の提供者が経済主体の経済活動に関する情報を識別し，測定し，伝達する社会的な情報システムである。」と定義した。すなわち，会計とは企業経営に係わる「情報システム」にその本質があり，それは今日でも全く変わらない。わが国の「財務会計の概念フレームワーク」においても，会計情報の基本的な特性として「意思決定有用性」と「信頼性」があげられている。会計情報は，将来の投資の成果につい

ての予測に関連する内容を含み，企業価値の推定を通じた投資家の意思決定に有用な役割を果たすものである。また，会計情報は信頼性も求められる。会計は一定の基準，規則に基づいて作成されるが，今日経済・経営情勢の複雑性に伴い「判断（ノイズ）」の要素が増えており，その見積り方法によって結果（利益）が大きく変動する。従って，会計作成者の専門性と中立性が要求されることになる。そのため，会計情報の作成者には，一定の能力，資格などが要求される。経営者の意向のみに沿うのではない，すなわち一部の関係者の利害だけを偏重することのない会計情報が求められる。

簿記検定のはじまり

このような会計情報の性格から，一定の簿記技術者制度を作ろうとする動きが出るのは当然の動きである。まず，戦後昭和29年，日本商工会議所および各地商工会議所が簿記に関する技術，技能の普及を目指し，その技能を検定するものとして，いわゆる「日商簿記検定」が始まった。この商工会議所の歴史は古く，その設立のきっかけは，日本には商工業の世論を結集する代表機関がないことを欧米から指摘され，明治政府が渋沢栄一に商工業者の世論機関の設立を働きかけたことによるもので，明治11年３月，現在の東京商工会議所の前身である東京商法会議所が設立された。初代会頭には渋沢栄一が就任した。渋沢は富農の家に生まれたが，少年期は開国などによる動乱の時代であり，国を憂い尊王攘夷に燃える青年となった。剣術修行のかたわら勤皇志士と交友を結び，高崎城主の圧政や代官の傲慢な態度に反発し，長州と連携して討幕の計画を立てたが，志士活動に行き詰まり，一橋慶喜に仕えることになり徳川の家臣となった。この時，御勘定格調役の肩書で幕府パリ使節団随行員としてヨーロッパへ渡り，わが国と西欧諸国との文明，産業，軍事力の圧倒的な差を感じながら，積極的に欧米の先進技術，社会・経済組織・制度を学んだことが産業界で活躍するきっかけとなった。

渋沢は，晩年次のように簿記の大切さを述べている。「会社でも銀行でも同様であるが，上級事務家となるには，比較的高尚なる学問技芸の素養あることが必要である。しからば，高尚なる学問技芸とはいかなるものであろうか。まず，第一に『簿記に熟練すること。』簿記は，計算の基礎であり，事務中において重要なるものの一つを占める。第二，算術に熟練すること。計算，珠算に熟達。第三，文筆の才あること。第四，字体の明確なること。」

東京の商法会議所設立の動きを知り，大阪でも地域経済の繁栄を目的として，若手財界有志より明治11年７月，大阪商法会議所設立の願書が大阪府知事へ提出され，同年８月今日の大阪商工会議所の基が設立された。初代会頭には，薩摩藩士の五代友厚が就任した。五代もまた薩摩藩遣英使節団の一員として欧州各地を巡歴し，帰国後，大阪経済の立て直しに奔走した。

さて，建設業界においては受注産業という業務の特性から商工業の簿記とは若干異なる建設業簿記が普及しているが，日商簿記検定は，その対象企業を一般商業，製造業としている。そこで，官民一体となって建設産業の発展のために設立された建設業振興基金が，昭和57年３月から建設業経理事務士検定試験を開始した。この試験制度の趣旨も，渋沢や五代によって設立された商法会議所の志と共通するものであり，建設業の経済活動の情報化を通じてその基盤強化を目指すものである。今後の制度発展に大いに期待したい。

会計実務者から観た
建設業経理検定試験制度

新日本有限責任監査法人
公認会計士
諏訪部 修

昭和57年から始まった建設業経理検定試験は，その後１級及び２級が国土交通省の登録経理試験として「建設業経理士検定試験」となり，資格名も「建設業経理士」とされた上で，現在まで一般財団法人建設業振興基金により制度が継続されています。これまで長く制度が継続できたのも，この試験制度にかかわってこられた多くの方々のご尽力によるものと思われます。

建設業は，社会資本の建設・維持を通じて社会に貢献するとともに，日本経済・雇用を支える重要な産業です。

産業の特徴として，発注者からの注文に基づき工事を行い発注者に引渡すという，典型的な受注請負産業であり，その工事内容や規模，構造は多種多様で同一のものはありません。また，工事は製造業等のように固定した場所の工場で行われるのでなく，工事ごとに様々な場所で行われるため，現場ごとに原価が発生しそれを集計する必要があります。さらに，建設業においては発注者が国や地方公共団体である公共工事も多く，入札における見積に当たっては，正確性や透明性が求められるようになっています。

このような特性を持つ建設業は，会社法や金融商品取引法に基づいて財務諸表を作成する場合，別記事業として扱われており，それぞれの規則及び「建設業法施行規則」に従って作成することとなっています。

また，我が国の収益認識基準は，企業会計原則の損益計算書原則において，「売上高は，実現主義の原則に従い，商品等の販売又は役務の給付によって実現したものに限る。」とされるにとどまり，収益認識に関する包括的な会計基準が定められていないものの，建設業に関しては「工事契約に関する会計基準」（企業会計基準第15号）が公表されています。現在，会計基準の設定主体である企業会計基準委員会（ASBJ）は，収益認識に関する包括的な会計基準の設定を進めていますが，平成28年２月に公表された「収益認識に関する包括的な会計基準の開発についての意見の募集」や，昨年７月に公表された企業会計基準公開草案第61号「収益認識に関する会計基準（案）」に対しては，工事進行基準をはじめ建設業会計に関する数多くの論点に対して多数の意見が寄せられており，企業会計基準委員会でもその討議に長い時間を費やしています。

このように，建設業は他の業種と比較して会計上の論点が多く，会計基準及び会計慣行への精通が適切な財務諸表を作成する上での前提となっていますが，建設業経理検定試験は建設業経理を支える要員の育成に多大な貢献をもたらしています。

建設業経理検定試験は，登録経理試験の実施機関として一般財団法人建設業振興基金が国土交通省より登録証の交付を受け，これを実施しています。試験は１・２級の建設業経理士検定試験と，３・４級の建設業経理事務士検定試験に分類されており，それらは年２回（建設業経理事務士は年１回）全国の会場で試験が実施されています。

内容は初歩的な建設業簿記の理解を確認する４級から，建設業簿記，建設業原価計算及び会計学を習得し，会社法その他会計に関する法規を理解し，建設業の財務諸表の作成及びそれに基づく経営分析が行えるとする１級まで４区分に分類されており，建設業経理の担当者は自身の能力に応じて難易度を上げていくことが可能となっています。

また，建設業経理の担当者が，適正な経理処理や原価計算によって経営管理能力を向上させていくことは，建設業者の健全な発達を図る上で必要不可欠である一方，建設業は受注産業であり，会計処理に特殊な点が多いことから，財務・経理の担当者にはより高い専門性が求められるとして，国土交通省は，平成18年４月より一定の要件を満たす建設業の経理に関する試験を登録し，登録された試験に合格したものを経営事項審査の加点対象とすることにより，建設業者の経理能力を評価することとしました。

さらに，一般財団法人建設産業経理研究機構からは，試験の実施機関である建設業振興基金監修のもと，建設業のポイントとなる建設業簿記を理論的に解説した「建設業会計概説」が編集・発行されており，同機構が発刊する「建設業経理検定試験問題集・解答と解説」とあわせて，建設業経理の担当者が当該試験勉強をする上での優れた教材となっています。

こういった関係各位のご努力により，最近の試験の受験者数及び合格者数は全体として増加の傾向にあり，建設業会計の知識の普及が着実に進んでいるものと実感しています。

このような同じ業界内において経理・会計の知識を共有し，かつ，浸透させる努力及び仕組みを持っている業界は建設業をおいて他になく，それらは各社において作成される財務諸表の正確性に寄与している他，業界内における会計慣行の蓄積や同業他社間の財務諸表の比較可能性にも大きな影響を与えています。

会計監査の面からも，当該試験制度の展開と継続・安定した運用は，監査上のリスク評価や実際の監査手続の選定・実施にもプラスの影響を与えるものであり，会計士業界としても建設業界のこのような取り組みを高く評価しています。

今後は当該試験制度がますます発展し，将来の優秀な建設業経理の人材輩出に貢献していくことの他，業界の会計知識の普及と適正な処理能力の向上に資するためのひとつのモデルケースとして取り上げられ，様々な業界における会計人材育成のひとつの手法として注目，展開されていくことを期待しています。

地域建設業が確固たる経営基盤を構築するために

（一社）全国建設業協会
会長
近藤 晴貞

昭和50年代半ばの日本は，高度経済成長期が終わり，いわゆる「建設業冬の時代」を迎え，公共事業関係予算の伸び率及び民間建設需要が低迷し，競争の激化により経営環境が悪化していくなど，建設業界にとって非常に厳しい時代でありました。

当時の中小建設企業は，会計処理における知識は決して高いとはいえず，また建設業は工事着工から引渡しまでに期間を要するなど，会計処理には他産業とは異なる特殊な点が多いことから，建設業会計知識の普及，企業経営の合理化や経営を担う人材の育成は，建設業の大半を占める中小建設企業の経営基盤の強化にも繋がるとの意見が多く寄せられていました。そういった声を受け，昭和53年に，建設業振興基金と都道府県建設業協会との共催で「建設業会計講習会」が実施されました。

その後も，技術分野にウェイトが置かれがちで，経営については原価管理や会計処理における知識が低い（いわゆる「どんぶり勘定」）といわれた建設業に対し，経営基盤を強化し，経営力を向上させるために，建設業経理に携わる方々の更なる能力向上と，適切な建設業会計知識を身に付けた人材の増加を求める声が業界全体に広がっていました。そうした機運の高まりにより，講習会に代わる新たな資格制度として，建設業経理検定試験制度が誕生する運びとなりました。

私ども全国建設業協会では，こうした資格制度創設の際，実施機関である建設業振興基金が，全国開催が難しい体制であったことから，開催試験地での試験実施事務を都道府県建設業協会に依頼し，協力を得ることになりました。

その後，制度開始から現在に至るまで，都道府県建設業協会は，全国の試験地において試験実施運営業務にあたることになりました。制度開始から今年で37年目を迎え，有資格者に１級から４級まで合わせると80万人を越えるまでになりました。

その間，試験地の拡大，試験の年２回化など，利便性の向上が図られるとともに，登録経理試験への試験制度の変更などがなされました。今では，１級，２級の有資格者については，経営事項審査で評価されるようになるなど，建設業会計の重要性が広く認識され，企業内の人材育成の一環として，資格取得が奨励されるようになっています。

また，平成22年には，特別研修制度を拡充し，工業高校生等に３級及び４級における研修による資格取得を奨励することにより，その後の建設業への入職促進に役立てるなど，昨今の建設業界の喫緊の課題である，担い手確保対策としても効果を発揮しています。

ご承知のとおり，私ども地域建設業は，地域インフラの安定的な整備・維持管理の担い手として，地域の経済・社会を支える基幹産業であると同時に，自然災害等の発生時には，地域の安全・安心を確保する地域の守り手としての社会的使命を担っています。

しかし，地域建設業を取り巻く状況は依然として厳しい状況が続いており，とりわけ建設投資は長期間落ち込みを続け，平成４年度の約84兆円から平成22年度には約41兆円となりました。その後，減少傾向に一定の歯止めが掛かったとはいえ，ピーク時からは大幅減のまま推移しています。

さらに，我が国はいま，人口減少や，情報通信技術の発達による第４次産業革命による大転換期を迎えており，生産年齢人口が減少するなか，政府においては，「人づくり革命」，「生産性革命」を掲げ，働き方改革や生産性向上を強力に推し進めています。

このような大転換期にある中で，私ども地域建設業が将来にわたって，成長を続け，その社会的使命を果たしていくためには，高い生産性を確保し，優れた技術力を持ち，担い手の確保・育成の取組みを進め，働き方改革や生産性向上などに積極的に取り組み，健全で安定した確固たる経営基盤を構築することが重要です。

また，企業において，効果的・効率的に経営管理を行うために，適切な会計処理や原価管理を行うことも極めて重要です。

建設業経理検定試験制度は，これまでも，建設業経理に携わる方々の能力向上と，適切な建設業会計知識を身に付けた人材を増やすことに寄与されてきました。

そして，特別研修制度による担い手確保の役割，登録建設業経理士制度による有資格者の継続教育など，その役割も広がりを見せておりますが，大転換期にある地域建設業が確固たる経営基盤を構築するためにも，今後も，より一層，企業経営の合理化や経営の中核を担う人材の育成に貢献いただけるものと期待しております。

全国建設業協会は今年設立70周年を迎えます。これまで，私どもは，各都道府県建設業協会の集合体として全国をカバーし，全国津々浦々に約１万9,000社の元請企業ネットワークを張っている唯一無二の団体として，特に経営基盤の弱い地域建設業に常に寄り添いつつ，各発注機関をはじめ，関係方面の理解を得ながら，地域建設業が誇りを持って活躍できる環境を整備するために，様々な活動を行ってまいりました。

そして，この70周年という節目に，地域建設業が将来にわたって，自らその社会的使命・役割をこれからもしっかりと果たしていくために，地域建設業が，今何をすべきか，何を必要としているのか，自らどう変わろうとしているのかを，全建としてとりまとめ明らかにすることは，大きな意味を持つものと考え，「地域建設業将来展望（全建70周年展望）」を策定いたしました。私どもは，今回策定した将来展望を踏まえ，地域建設業の将来の発展に向けて，これまでにも増して積極果敢に取組みを進めてまいります。

これまで皆様方よりいただいた多大なご厚情に感謝申し上げますとともに，引き続き，ご理解ご支援のほどよろしくお願い申し上げます。

建設業経理検定試験制度に関する考察

(一社)全国中小建設業協会

季刊誌「建設業の経理」は，発刊当初から会計・経理に関する最新情報等をタイムリーに提供されています。建設業界における経営の改善に大きな役割を果たして来られておりますことに深く敬意を表します。

建設業経理検定試験制度は制度発足以来，経営者の経理に対する意識の改革や経理担当者の経理に関する知識の向上を図るなど内容を充実させ，建設業界における経理の適正化を促進し，適正利潤が確保できる健全な産業であることが見える産業として発展させてくれたものであり，今後も必要不可欠な制度であると確信している。本制度について，これまでの歩みと今後について考察してみた。

全国中小建設業協会が発足した昭和39年当時における中小建設業の経理処理は，いわゆる「どんぶり勘定」となっており，かなりおおらかな経理処理となっていたようである。その後，建設業における簿記会計知識の普及と会計処理能力の向上を図る目的から，昭和56年度より「建設業経理検定試験制度」が発足し，企業内における経理の強化と経営者の経理に対する意識の向上が図られたことにより，徐々に経理知識の普及が図られた。現在の建設業における適正な経理の礎を構築してくれた原点であるのではないかと思う。

当時の建設業は繁閑の波が大きく経営が安定せず，不安定な受注産業であり，原価管理がなおざりになるなど悪循環であったようである。人材確保の面でも，技術系の人材を働き手として重用する一方，経理を担当する事務系の職員は必要最低限の人数を配置するにとどまり，社内で経理を担当する者は伝票整理だけをこなし，経理処理は会計士（税理士）に委託するという企業が多かったようである。経理の軽視が，税金のトラブルや企業倒産が多発した一要因でもあったようで，毎年発表される脱税のワースト業種の常連として建設業者が名を連ねていた。そこで企業内経理を強化するため，経理処理に優れた人材を育成する必要性が認識されてきた。その結果，経理知識のある者が評価活用される環境が整備されることとなり，「建設業経理検定試験制度」が整備されることとなった。制度が制定され，毎年回数を重ねるごとに受験者数・合格者数が増加するとともに内容も充実し，徐々に制度が定着したことで，企業内経理が適正に処理されるようになった。

昭和59年から実施されている「建設業経理事務士特別研修」は，実務経験や知識があるのにペーパーテストが苦手な年配者・経営者・従業者等を対象としてスタートし，実施されてきた。近年は工業高校生等に対しても実施されるようになったが，少子高齢化時代を迎え若年者の入職や今後の建設業の後継者の育成を図る上でも，早い時期から彼らが建設業界へ目を向けられることは，非常に重要なことではないかと思う。

また，平成６年の経営事項審査制度の改正においては，資格審査の透明性・客観性を高め，技術と経営に優れた企業の総合力を適正に判定し競争の適正・促進を図るため，評価対象の項目として「建設業経理士の数」が組み入れられたことにより，一時低迷していた資格取得者数，受験・受講者数とも急増し，企業における経理士の必要性・養成の認識がより一層高まった。さらに平成20年の改正においては，これまで評価の対象であった「建設業経理士の数」の項目が廃止され，新たに「公認会計士，国土交通大臣の登録を受けた者が実施する登録経理試験の合格者（１・２級建設業経理士)」が評価の対象となった。社内の経理実務責任者として経理処理の適正化を確認するなどの自主監査を行った場合に加点される改正が行われ，建設業経理士はこれまで以上に社内外において重要な役割を担うこととなった。

当協会が実施したアンケート調査結果によると，新規入職者のうち新卒者が約５割に留まっており，また入職後３年以内に離職していく者が約６割となっているなど，将来，建設業界を担っていく若者の定着率が低い状況にある。担い手の確保・育成などの対策とともに，若者の入職を促進するためにも職場環境（新しい３Ｋ：給与が良い，休暇が取れる，希望が持てる）の改善が喫緊の課題である。今後も引き続き中小建設業者が地域における「町医者」的役割を果たし，地域の優良な企業として存続していくためにも，企業内経理を充実させ，優れた知識をもち適正な経理を行える人材を確保・育成し，将来にわたって健全で安定した産業であることを情報発信していくことが大切ではないだろうか。

現在の各種資格制度は時代の変遷に伴う技術革新等に対応するため，数年ごとに講習会等を開催し，資格の更新を促しているものが多くなっている。建設業経理士の資格についても「登録建設業経理士制度」を創設し会計知識等の維持及び向上が図られることとなったことは，新たな経理事務への対応や制度改正に対応するためにも重要なことである。また，登録建設業経理士を雇用している企業を定期的に公表するなど，企業が経理面でも信頼できることが確認できるようにしていることも重要である。企業においては今後とも，優れた経理士を順次育成し，いざという時に対応できる体制を整備しておく必要があるのではないだろうか。

そのためにも，「建設業経理検定試験制度」は今後とも建設業の経理にとって必要不可欠な制度であり，その時々の要請に応え逐次見直しを行っていくことが望まれる。

専門工事業者は経理重視の経営が必要

(一社)建設産業専門団体連合会
会長
才賀 清二郎

従来から専門工事業者の経営は，弱体といわれております。その原因の１つとして，「ドンブリ勘定」であったことが挙げられています。

その主な要因は，不安定な受注産業である業態そのものにあり，そのため経営計画や生産計画を作成することが，非常に困難な状態にあることです。また，そのために経営が，繁閑の波に耐えられるように，固定経費を抑えて外注に依存する体質となっているからであります。

これにより，社内体制も技術・技能者を重視し，事務系の人間は，極力最小限に留めて経費を削減してきた由来があります。そのため，経理事務は日常の入出金伝票の整理のみで，後は税理士さん任せという状態で推移してきたのであります。

このような状況の中では，経理知識は蓄積されず，絶えず資金管理が不備となり，その結果，金銭トラブルの発生や，また，他の業種と比べて倒産発生件数も多い業種となっています。

このような専門工事業者の環境の中で，私も経営者として従事し，会社のヒト・モノ・カネ・ノウハウ等について，多くの苦労と経験を培ってきたものでありますが，経理知識には不得意な面もあり，余裕資金があれば，建設業経営のステイタスと思い，社員や仲間とよく飲みにも行き，資金を浪費するといった時代もありました。

今になって見ると，あの時の資金を内部留保して社内体制を構築すべきだったと思い，不徳の致すところと深く反省いたすものであります。

このような経験もあって，如何に会社は安定成長が大切かを知り得たものであります。そのためには，まず資金管理の徹底が必要であることを痛感しており，社員にも「建設業経理事務士」を修得するよう推奨しております。

では，経営者として知り得た経営の体験を述べさせて頂きますと，概ね次のようなことであります。

第１に，完成工事高総利益額を増加させるには，

① 受注単価を元請とよく折衝して，適正利益を確保する（指値での受注はしない）。

② 材料費は，資材メーカー３社より相見積を取り，納期・質・数量を交渉の上，条件の良いメーカーに発注する（１社だけに依頼しない）。

③ 外注費は，仕事の工種に合った技能を持った業者を選定して，段取りをよく打合せの上，適正価格で発注する。

④ 労務費は，公共工事設計労務単価を基準として交渉して，双方納得する価格で発注する。

⑤　現場経費は，工事の内容をよく精査して段取りを作成して，現場でのムリ・ムダ・ムラを排除する。

⑥　そして，工程管理を徹底して工事日数を短縮する。

などの個々の工事物件に応じて対応する努力が必要であります。

やはり，このような制約の中では，原価管理の徹底によるコスト圧縮の施策が最も重要です。

第2に，自己資本額を増加させるにはまず，総資本を圧縮することであります。

①　不要資産，遊休資産を処分する。

②　完成工事未収入金の回収期間を短縮する。

③　工事完成を早め，未成工事支出金として支出している資金を早めに回収する。

④　未成工事受入金と未成工事支出金のバランスをとり，自社の資金負担を軽減する。

⑤　材料・貯蔵品等を適正量に圧縮して資金を捻出する。

⑥　過剰な設備投資を抑制する。

⑦　現金・預金等が必要以上にないか，あれば借入金等の返済にあてる。

⑧　投資勘定の見直し（直接経営に関与しない無駄な投資を排除する）であります。

次に，自己資本額を増加させることです。

①　経常利益を増加させる（自己資本蓄積の原資）。

②　社外流失を極力抑える。

③　税法の特典を利用した節税対策を行うなどであります。

第3には，損益分岐点比率の改善で，それには，まず収益の拡大です。

①　完成工事高そのものを拡大することにより，固定必要経費負担を軽減させる。

②　受注工事単価を引き上げる。

③　受注工事総（粗）利益率を改善することであります。

それは，損益分岐点の計算根拠である限界利益が大きくなり，損益分岐点そのものが下がるからであります。

その他，固定費の削減であります。

①　一般管理費の圧縮（それぞれの科目ごとに分析して，人件費，経費とも引き下げる）。

②　金利負担の軽減，特に支払利息，手形割引料が現在の水準で行われているかを検討して金利負担を減らす。

③　借入金の総額の圧縮，銀行からの要請で不必要な借入がないかを検討し，総資本の額を軽くする方向に進めるといったことであります。

そして，4番目が総資本回転率の改善であります。主なものとして次のものが考えられます。

1つ目は，総資本の圧縮であり，これは第2で見てきた内容と同様です。

2つ目は，固定資産の圧縮であります。建物，構築物等の減価償却費は固定的な費用として，完成工事高の小さい企業ほど負担が重くなる傾向にあります。そこで，機械・運搬具の過剰投資を抑え，投資効率を高める，投資勘定の内容をチェックして，不要なものは処分し資金化を図る，さらに，その他として社外流失を抑え，自己資本の充実を図ること等が重要であります。

優れた企業には有能な人材がある

――企業内人材の育成，活用に向けて――

（一社）全国建設産業団体連合会
専務理事
竹澤 正

このたび「建設業経理検定試験制度」の充実，発展を中心的に担って頂いている東海先生（(一財）建設産業経理研究機構代表理事，青山学院大学名誉教授）から，季刊誌「建設業の経理」への寄稿のご依頼を頂きました。私自身は，簿記の知識，経験は全く無く，甚だ非力で場違いとは存じましたが，(一財）建設業振興基金在任中に担当者として「建設業経理検定試験」の運営に関わりました。事務局として携わっただけの立場で，不遜ですが大変光栄でもあり，また当時を振り返ると感慨ひとしおのものがありましたので蛮勇を振るってお引き受けした次第でございます。至らぬ点は何とぞご容赦頂きたいと思います。

基金在職時を振り返ると，平成16年から平成23年まで業務第二部長として「建設業経理検定試験制度」に携わらせて頂きました。現在では１級２万５千余人，２級～４級を合わせると80万人を超える資格者数に達するとお聞きしています。この数は建設会社ごとに経理の基礎知識を持っている方が，少なく見積もったとしても相当数いることを推測するに十分の数に達しています。今後は，現に建設会社で働いているこの方々に経理事務分野を任せるだけではなく，持っている知見，能力をさらに磨き上げて，どういう局面で活用できるかが，地域社会に信頼される建設会社として生き残っていく重要なヒントになるのではないかと思っています。

門前の小僧として習わぬ経を読む立場でしたが，何とか皆様のご援助で縁の下的な立場で仕事をいたしました。当時を振り返ると，諸先輩や同僚から本制度の創設の経緯を含めて沢山のことを教えて頂きました。例えば，取りとめなく思い起こすと，〔いわゆる建設産業特有の「どんぶり勘定」と言われ続け，その経営体質故に倒産率の高い産業である状況に終止符を打つためには，会計，経理を近代化し，技術と経営に優れた社内人材を育成するのが最も効果的である。これをテコに，経営に優れた会社が優勝劣敗の厳しい競争環境の中で経営体力を強くして，小さな会社でも立派な人材（会計をキッチリ引き受けられる人）が育てば，地場産業として自立ができる。このための人を育てるのがこの検定制度で，基金の大事な人材育成事業である。〕などアレコレ熱く語って頂き，(今も何より大事なことですが）我が身の理解が心もとなかったこととも合わせて，昨日のことのように懐かしく思い出しました。〔この目標を一刻も早く実現するため，建設業保証会社や（一財）建設物価調査会等が以前から実施していた各種の建設業経理講習会を一本化するとともに，基金を実施主体にして，各都道府県建設業協会等の協力を頂きながら，建設業界が共有する人材確保育成のソフトインフラとして現在の「建設業経理検定試験制度」に集約して基金の中核事業となったので，徒や疎かにせず，職務に全力を尽くすように。〕と指南され，身の引き締まる思いを胸に仕事した次第です。

当時はピークから少し受験者，受講者が減少しつつあり，将来に向けて様々な課題がありましたが，今に通じるものとして，以下の３点を新たに実施しました。

１点目は，技術系資格プラス事務系資格の取得保有により就職機会の増進を図る工業系の学生，生徒の方々，および既に在職して働きながら新たな知識を習得しステップアップを図る方々の利便を確保するため，年１回から２回の試験に受験機会の拡大を図りました。

２点目は工業高校に出向いて，講習と試験を一体的に実施する特別研修として，カリキュラムに準じて「出前講座」を実施しました。このことは工業高校の先生と建設業との接点を作ると同時に，初歩の簿記を体系的に学ぶことによって学生，生徒が建設業の産業特性や面白さを知る機会ともなりました。有力な就職先として建設業を選択するキッカケづくりとなったのではないかと思います。

３点目は，建設業経理検定試験による資格取得は，建設産業に役立つことを目的にした簿記，経理の知識・能力の習得証明ですが，その知識・能力を基本とした上で，さらに不断に実務に反映できる新しい知識，経験を継続して学習していくための仕組みとして，「登録建設業経理士制度」を実施しました。自主監査や税財務の実務，新たな法律やコンプライアンスなど変化を続ける社会環境に企業人として柔軟に適用するための多彩な研修会を提供し，実践力を常にステップアップする人材としての継続学習を促しています。

今後はこの登録建設業経理士制度が「人口減少社会の日本における建設企業の働き方」として，どんな役割を果たしていけるかが注目されています。

今建設業界は，少子高齢社会が進展している日本の地域社会に，産業としてどう向き合うべきか官民挙げて模索しています。具体には，国土交通省と建設産業界が混然一体となって，「働き方改革」や「生産性革命」を実現していこうと努力をしています。この目標に向かって，ゆとりある働き方を実現しつつ，品質を落とさずに工事ごと利益が確保できる方策や知恵がなければ，会社がより良き職場として成立できません。これらを実現しつつ魅力ややりがいのある会社，厳しさがありながらも楽しい職場とすることが目標です。特に地方の中小の建設業にとっては，工事現場を構成する関係者の総力を，ムリ，ムダ，ムラなく繋いでいく人材の存在が不可欠です。この大事な役割を担える有力人材の一つが「登録建設業経理士」だと確信しています。従前の「登録建設業経理士制度」をこの観点からブラッシュアップして，新たな人材育成システムとすることが大きな課題ではないかと思っています。

建設業経理士・建設業経理事務士の皆さんの今後益々のご活躍を期待するとともに，関係者の皆様方の一層のご尽力を期待しております。

建設業経理検定試験制度の“あゆみ”

はじめに

本稿は，(一財)建設業振興基金と(一財)建設産業経理研究機構が，建設業経理検定試験制度の軌跡と展望に関して，その発展を祈念して協力して整理したものです。

(一財)建設業振興基金（旧，(財)建設業振興基金）が，時代の活動軌跡として残してきた記録「10年，20年，30年のあゆみ」を，いわば基礎工事のように活用して取りまとめました。そして，各世代，時代において，本制度の発展に汗を流してこられた方々の貴重なお話を設備工事や内装工事としながら，最終的には，両機関の関係者代表が取りまとめました。

多くの方々からの資料提供，メモなどをいただきながらまとめることができたものです。ここに記して感謝の意を表させていただきます。

本稿の目的は，建設業界が業界固有の使命を意識して個性的に実施してきた「**建設業経理検定試験**」の過去，現在，未来を俯瞰し，さらなる良い制度への展開を後押しすることです。関係者各位のご理解，ご賢察をもってお読みいただければ幸いです。

(一財)建設業振興基金　専務理事　**伊澤　透**
(一財)建設産業経理研究機構　代表理事　**東海　幹夫**

1　建設業経理検定試験制度の概況

(1) 創設の経緯と目的

建設産業は，住宅・社会資本整備や防災等を通じて，国の基幹となる骨組みを構築して，国民社会（国民・企業等）と大規模で直接的な交わりと貢献を果たしながら，地域の経済・雇用を支える重要な役割を果たす産業です。そのような建設産業を構成する建設企業は，建設業法に基づく許可事業です。現在の許可事業者数は40数万と言われていますが，上場会社等の上部に属するゼネコンは数百社であり，事業者のほとんどは，経営基盤の脆弱な中小企業からなっており，いわゆる多重階層でピラミッド型の構造が特徴となっています。

これら中小建設業の経営基盤を強化し，経営の近代化を図ることは，業界全体の長年の課題となっており，現在でも，それなりの課題が山積しているといってよいでしょう。

企業会計との関係では，会計関連の諸法規（旧：商法・証券取引法，現：会社法・金融商品取引法）は，第二次世界大戦後の経済体制の立て直し時代に，まずは建設業を別記事業として規定しました。現在も，建設業法の下に会計に関する規定を置き，日本の産業の中で一般産業と区別された会計を実施しなければなりません。

昭和50年に設立された当時の(財)建設業振興基金は，昭和56年度に建設業経理検定試験制度を創設し，建設業経理検定試験（１級～４級）のステップを設けました。現在の１級・２級の建設業経理士検定試験，３級・４級の建設業経理事務士検定試験の原点となる出発点です。

以降，適切な建設業会計知識の普及をもって，企業経営の合理化や経営を担う人材の育成を図るとともに，経営基盤の脆弱な中小建設業の経営の安定化に寄与することを目的としましたが，現在でも，その目的観は，基本的に変わっていないものと思料します。

創設時のご苦労話，時代の要請に基づく改革の論議，現在に至る各段階のエピソードなどについては，後述の「**3 建設業経理検定試験制度の構築と改革（年代別展開）**」をお読みください。建設業経理検定試験のもつ意義と課題がさらに浮彫りになるものと期待しています。

(2) 現行試験の概要

試験範囲は，会計法規や会計基準に基づく財務会計，建設工事原価計算，財務データによる経営分析からなっています。当検定試験の１級及び２級の合格者は，経営事項審査における評点の対象となっています。

平成18年の建設業法施行規則改正により登録経理試験制度が創設されたため，当検定試験の１級及び２級については登録経理試験として実施しています。建設業経理検定試験に合格した者は，その後，建設業振興基金が実施する登録講習会を修了することにより，「登録建設業経理士」となり，建設業振興基金の提供する諸種のサービスを受けることができる仕組みになっています。この点についても，現行制度の詳細を後述しています。

現行の建設業経理検定試験の概要を簡単にまとめておきます。

各試験級の内容と程度は下表のとおりです。１級は原価計算，財務諸表，財務分析の３科目から成る科目合格制をとっており，５年間の有効期限内に３科目全てに合格すると１級資格者となります。

級別の程度は，次のように規定されています。

級 別	内 容	程 度
1級	建設業原価計算，財務諸表，財務分析	上級の建設業簿記，建設業原価計算及び会計学を修得し，会社法その他会計に関する法規を理解しており，建設業の財務諸表の作成及びそれに基づく経営分析が行えること。
2級	建設業の簿記，原価計算及び会社会計	実践的な建設業簿記，基礎的な建設業原価計算を修得し，決算等に関する実務を行えること。
3級	建設業の簿記，原価計算	基礎的な建設業簿記の原理及び記帳並びに初歩的な建設業原価計算を理解しており，決算等に関する初歩的な実務を行えること。
4級	簿記のしくみ	初歩的な建設業簿記を理解していること。

(3) 現行制度の試験日・研修日

建設業経理検定試験は，次のような年間スケジュールに基づいて実施されています。いずれかの時期にいずれかの試験もしくは研修によって，それぞれの級及び科目に合格することになります。

① 建設業経理士検定試験（1級・2級） 毎年9月，3月に実施。年2回。
② 建設業経理事務士検定試験（3級・4級） 毎年3月に実施。年1回。
③ 建設業経理事務士特別研修（3級・4級） 7～11月頃に適宜実施。
(注) なお，工業高校生向けの特別研修については，学校の春季・夏季・冬季休暇を利用して実施。

(4) 建設業経理士検定試験及び建設業経理事務士検定試験 合格者数

❶ 合格者数（直近のデータに基づく）

【累計合格者数（単位：人)】(平成30年3月31日現在)

級	1 級	2 級	3 級	4 級	計
合格者数	25,785	302,442	273,581	203,770	805,578

4級合格者のほとんどの方は3級に進み，試験制度及び企業経理実践の基盤を築いてこられたものと理解しています。ここで，特記すべきは，本格的な建設業経理の実力を問うことになる2級合格者が約30万人で，累計合格者として最も多いことです。中小建設業において，どのような職種に携わろうとも，この層の方々がさらに増えていくことが，健全かつ有効な建設業経理の的確な普及と，適切かつ適正な建設業経営（マネジメント）の発展に貢献するものと期待しています。

これに対して，1級3科目合格者は，2級合格者の1割にも達せず，やや問題点を感じざるを得ません。水準の維持を確保してきた証左ともいえますが，許可業者数や入札参加業者数，経審受審業者数などからみて，より一層の定着が求められるのではないでしょうか。

❷ 申込者数の推移

年度	1級 財務諸表	1級 財務分析	1級 原価計算	2級	3級	4級	計
26	2,767	2,467	2,904	10,345	2,546	300	44,923
	3,003	2,676	3,194	11,342	1,260	2,119	
27	2,754	2,398	2,959	11,879	2,854	318	47,799
	2,851	2,452	3,207	11,896	1,542	2,689	
28	2,765	2,213	3,059	12,173	2,869	343	48,203
	3,071	2,577	3,558	12,009	1,427	2,139	
29	2,774	2,322	3,326	12,562	2,668	257	50,243
	3,039	2,395	3,436	12,839	1,766	2,859	

（注） 1級・2級の上段は9月試験，下段は3月試験のもの
3級・4級の上段は試験，下段は特別研修のもの

(5) 建設業経理検定に関与する委員

建設業経理検定試験は，創設時から外部の専門家や関係団体の代表などから構成される建設業経理試験委員会によって，検定試験の公共性，公正性，社会性などの確保を厳格に維持してきています。各年度の試験委員は個別年度では公表していませんが，本検定試験の意義と水準をわかりやすくご理解いただくために，平成22年度の検定試験制度に関わられた方々の一覧を参考にご覧いただくこととします（開示については事務局のご了解をいただいています）。

（敬称略，五十音順）

氏　名	所　属
安藤　英義	一橋大学名誉教授　専修大学教授
大中　康宏	公認会計士，有限責任監査法人トーマツ
押田　彰	一般社団法人全国建設業協会　専務理事
後藤　庄司	全国管工事業協同組合連合会　専務理事
高田　住男	税理士，日本税理士会連合会　専務理事
竹村　昌幸	社団法人日本建設業連合会　専務理事
東海　幹夫	青山学院大学教授
二ノ宮　隆雄	公認会計士，有限責任あずさ監査法人
平松　一夫	関西学院大学教授
万代　勝信	一橋大学教授

（注） 所属・役職は当時のものです。

大学教授４人，公認会計士２人，業界団体代表４人となっています。

なお，実際の試験問題の作成・検討は，上記の委員のうち，専門家の数人の作問と合議によってすすめられ，最終的には，上記のような検定試験委員会で決定されています。

2 建設業経理検定試験制度の変遷（要約）

昭和50年代前半	・「建設業冬の時代」から脱却のポイントとして「**ドンブリ勘定**」が問題となる。 ・企業における計数管理は不可欠であり，また，建設業会計は様々な要因から他産業とは異なる特殊な会計処理があるとの認識から，建設業会計を担うべき人材育成が急務となる。このような流れから，各地で「**建設業会計講習会**」が実施される（建設業振興基金と都道府県建設業協会との共催）。 ・講習会から発展した，建設業会計に係る**資格制度創設の要望**が高まる。
昭和56年	・**「建設業経理事務士検定試験」制度が創設**される（１級～４級）。 （第１回試験：昭和57年３月28日）
昭和59年	・建設業経理事務士検定試験が「**建設大臣認定**」となる。 ・検定試験制度の一環として，試験と講習を組み合わせて実施する**特別研修**を創設する（４級：昭和59年～，３級：昭和62年～，２級：平成６年～）。
昭和60年代	・「建設業経理事務士」を**主観評価**する地方自治体が現れる。 ・「建設業経理事務士」を客観点数においても評価すべきとの議論が強まる。
平成６年	・**経営事項審査のＷ（社会性等）**に「**建設業経理事務士等数**」が設定され，企業内の建設業経理事務士の数が評価されるようになる（１級～３級，３級は10年間の時限措置）。 ・客観評価されたことに伴い，計数管理の重要性を認識する企業が増加する。同時に，企業内の人材育成の一環として，建設業経理事務士の資格を奨励するようになる。
平成13年	・すべての建設大臣認定資格から認定が外され，純粋な**民間資格**となる。ただし，建設業経理事務士については，その社会的重要性から建設業法施行規則第19条に「建設業の経理知識審査等事業」として位置づけられ，**経営事項審査の評価が継続**することとなる。
平成14年	・公益法人改革の一環として，公益法人が実施する民間資格・講習に対する国のお墨付きを，平成18年３月までに廃止するよう閣議決定される。 対象となる資格・講習につき，単なる技能審査は認定等の廃止を，国の制度に組み込まれているものは制度を見直し，登録試験として実施する等の措置を講ずることとされた。
平成17年	・国土交通省中央建設業審議会において，平成14年の閣議決定の趣旨を踏まえ，「**建設業の経理に必要な知識を確認するための試験**」を，**登録試験**として省令に規定したうえで実施することとされる。 ・上記に基づき建設業法施行規則が改正され，平成18年４月より施行されることとなる。

平成18年	・建設業振興基金が登録経理試験の**実施機関第１号**として認証される（６月８日）。 ・新たなスタートに当たり，**登録経理試験（１級・２級）**の名称を「建設業経理士検定試験」としたうえで，検定試験の実施を年２回（９月及び３月）とする。 （３級，４級は従来の制度を維持） （第１回建設業経理士検定試験：平成19年３月11日）
平成20年	・経営事項審査のＷ（社会性等）に「**監査の受審状況**」が設定され，企業内の１級建設業経理士が経理実務責任者として自主監査する場合に，評価の対象となる。

3　建設業経理検定試験制度の構築と改革（年代別展開）

（1）事業基盤の確立：経理検定制度の導入（昭和50年代～昭和60年度）

❶　制度創設時の必要性に関する議論や調整

伝統的に，中小建設業の経営の特徴として，その経営が後進的であり，経理面での弱さがありました。企業の収支計算がいわゆるドンブリ勘定となっており，その原因は主として業態の形成過程にあると考えられていました。

第二次世界大戦後，建設業がこのような体質を特徴としてしまったのは，戦後経済の復興と公共工事の大きさに深い関係があります。わが国の社会資本整備は，統計的なデータを見るまでもなく，昭和20年代の戦後復興と朝鮮動乱，昭和30年代に開催された東京オリンピック，昭和40年代後半からの日本列島改造論，昭和50年前後のオイルショックなど，大きな経済ショックをばねとして，世界に類をみない高度経済成長をなし遂げたことと深く関わっています。国家的な経済運営の牽引役を果たすべき産業として，建設業は大きな役割を担うことになりました。加えて，そのような役割を担う建設業は，産業としての明白な特徴を形成しています。

建設業は，請負の受注生産ですから，あらかじめ画一的な生産計画を立てることは困難です。このため，企業経営は，繁閑の波に耐え得るよう，固定費を抑え，自らの装備よりも外注に頼るという特性も形成されました。

建設業の経営は，まず受注が優先し，次いで仕事の消化という段取りとなり，固定費を抑制する割には，厳しい原価管理に対する姿勢が甘いといった指摘もなされました。

人手の面においても，技術系の人材を稼ぎ手として重視する傾向があるのに対し，経営管理面の事務系の人材は，やむを得ず抑えていく傾向が強く，経理・会計は，内部人材としては二の次で，あとは外部の税理士等会計専門職に任せるという企業が多かったと思います。このような傾向は，結果，営業，契約，納税等の面で他の産業に見ることが少ないトラブルを多発させることにつながったようです。産業形成の初期にあって，建設業の倒産率は高く，税務当局が公表する脱税のワースト業種として，常に建設業が含まれるという状況は，否定しがたい事実でしょう。

建設業振興基金は，経理検定制度の創設前においては，企業内経理の強化を目的とする建設業会計のテキストの整備や講習会の推進等を行ってきましたが，それだけでは十分とはいえない環境を認識し始めました。企業内経理を強化するには，経営者の経理に対する意識の向上とあわせて，企業内経理要員の養成が必要であり，そのためには経理知識の普及を図るとともに，知識のある者が評価活用されるような環境を作り出さなければなりません。しかし，建設業界には，建設業保証会社や一部の建設業者団体の主催する経理講習を受講して，建設業会計の基本的な知識を習得した者がいましたが，それらの習得者は，概してその努力に対して，企業内外で報われているとはいえない状況にあることも課題のひとつとして指摘されました。

建設業経理検定試験制度は，経理知識の習得者に対して，これを客観的に評価認定して励みを与えるとともに，経理の重要性を世間に訴える機能を持つものとして，建設業の経理の向上に有効であるとする見解が主流でしたが，他方，業界に対して画一的な経理を強制するような方向に反対する動きもありました。建設業振興基金は，この時期，業界の理解に向けて講習会の開催などによって地道な活動を続けた結果，昭和50年代の初期には，この制度の具体化すなわち創設への始動が始まりました。

❷ 制度創設までのいきさつ

昭和53年頃から，建設業経理実力認定制度の検討を始めた**建設業振興基金**は，建設業会計専門委員会（委員長：早稲田大学教授 青木茂男氏）の審議等を経て，すでに建設業経理講習会を実施していた建設業保証会社，建設物価調査会等の意見も踏まえて，制度創設の方針を固めるとともに，関係団体等に対して精力的な趣旨説明を実施しました。このような背景には，建設業界に適正な経理・会計を統一的に実施する方向を，業界とともに構築することの意義を重んじたからであると理解されます（関係者の肩書はすべて当時のものです。以下同様）。

昭和56年１月には，制度の構築を目的とする建設業経理検定委員会を設置しました。会長には横浜国立大学教授 黒澤清氏，委員長に中央大学教授 飯野利夫氏，委員に慶応義塾大学教授 会田義雄氏，青山学院大学教授 稲垣冨士男氏，明治学院大学教授 森藤一男氏の５名が就任しましたが，いずれの委員も，当時の日本における会計学界を牽引する方々ばかりでした。

昭和56年の８月頃までは，制度の組立てと業界との協議に時間を要しました。業界には既に資格制度が多過ぎるとか，この制度が中小建設業者の切捨てにつながりはしないかといった見方から，当初難色を示した団体もありました。

結局，建設省（現国土交通省）及び建設業振興基金との数次にわたる協議によって，この制度では，「経理事務士」の名称を使用するなどの調整をし，業界等関係者の理解を深めて，昭和56年９月になって，建設業経理事務士検定試験規則，及び昭和56年度建設業経理事務士検定試験実施要領の制定と，建設振興事務連絡協議会における細目の説明を行うところまでこぎつけたのでした。

検定試験規則では，試験を１級から４級までの４階級に区分して行うこと，２級から４級までは各級とも１科目とするのに対し，１級は財務諸表，財務分析，原価計算の３科目として，合格が３科目のすべてに達した時点で１級の合格とすること，受験者は原則として最下位級の４級から受験し，これに合格した後，順次上級へ進むものとするが，複数の級・科目の同時受験や，所定の条件を満たす場合の試験免除や資格認定の制度を設けることなど，詳細な実施要領を確定し，第１回試験である昭和56年度検定試験を３，４級について実施すること，その申込受付を昭和56年12月１日から昭和57年１月16日，試験日を昭和57年３月28日（日曜日）とすること等を定めました。

試験の実施については，建設業振興基金の組織の規模から，単独で全国において試験を行う管理・事務能力はないので，試験地における業務は，試験の実施を希望する都道府県の建設業協会に依頼し，その協会の事務局責任者を試験地における総括責任者たる試験管理者に委嘱する体制で行うこととしました。

これでようやく順調に進むかと思われた矢先，昭和56年11月と昭和57年の２月に，日本税理士会連合会と日本公認会計士協会から，建設省（現国土交通省）と建設業振興基金あてに反対の文書が送られて来ました。反対の最も大きな理由は，経理士もしくはそれに類する称号は，国家資格である税理士や公認会計士と紛らわしく，混同や誤認を招くおそれがあるというものでした。特に，日本税理士会連合会からはその職域性を懸念してか，強い反対の動きあり，問題は自民党や国会の場にまで及びました。

これに対して，建設省（現国土交通省）は，この制度は，建設業の企業内における経理事務処理能力の向上を図るためのものであって，業として他人の経理を行う者を養成することが目的ではないことなどが説明されました。この際，日米構造協議の折，米国のかなりの公認会計士が，企業内で活躍しているといったような実例も紹介されたようです。

そのような経緯を経て，結果，名称を**建設業経理事務士**と変更すること等によって，事態は打開の方向に進展し，試験実施予定日を目前に控えた昭和57年３月に至って，ようやく本格的に制度展開のスタートが果たされました。

❸ 第１回試験とその後の試験内容の充実化

第１回の**建設業経理事務士検定試験**は，当初の予定どおり，昭和57年３月28日全国19か所の試験会場において一斉に行われ，同年５月下旬合格発表が行われました。このときの受験申込者は３級8,868名，４級3,442名，受験者３級6,841名，４級2,349名でした。

翌昭和57年度には，３級・４級に加えて２級の試験を実施，昭和59年度には１級財務諸表，昭和60年度にはさらに１級財務分析を追加して，徐々に検定試験の体系は整備されていきました。

昭和59年10月，建設省告示第1522号により，この検定試験は「建設業経理に関する知識及び処理能力の向上を図る上で奨励すべきもの」との，**建設大臣の認定**を受けました。

❹ 特別研修のスタート

特別研修は講習と試験とを組み合わせた制度で，所定の時間の講習を行い，最後に試験を行って合格すれば，検定試験に合格したものとされ，それぞれの級の建設業経理事務士の免状が与えられるものです。実務経験や知識がありながらペーパーテストが苦手という年輩者等への配慮として，経理検定制度の中に**特別研修**の制度がスタートしました。

建設業振興基金は，昭和59年度から，４級の特別研修を開始しました。研修日程は２日間で，講習時間12時間，試験時間１時間30分でした。初年度は36都道府県の44会場においてこれを実施し，受講者合計2,380名，合格者合計2,265名，合格率は95.2％でした。

この特別研修という制度によって，検定試験と同等の資格を付与することについては，当時の試験委員等から，しっかりとした研修の実施をして，いずれの方法でこの資格を取得しても，実力的に相違が生じないような運営をすることを求められ，これによる水準の調整が検討され今日に至っています。

(2) 定着する建設業経理事務士検定

❶ １級経理事務士の誕生等

検定試験は，昭和61年度に１級原価計算が加わり，これで既に実施している財務諸表，財務分析とあわせて１級の３科目が出揃いました。同年度の試験の結果，599名の１級全科目合格者，すなわち**１級経理事務士**が誕生しました。これをもって建設業経理事務士検定試験は１級から４級に至る全体系が整備されることとなりました。

特別研修の方は，昭和62年度から３級がスタートして，３，４級の２科目制となりました。

❷ 建設業経理検定制度検討会議の設置

建設業振興基金は，昭和61年４月に，**建設業経理検定制度検討会議**を設置しました。同会議は，建設業経理事務士検定制度について建設業界等の意見を聞き，これを制度に反映させることを目的とするもので，明治学院大学教授 森藤一男氏を座長とし，大学教授２名，建設省（現国土交通省）３名，建設業者団体13名，建設業保証会社３名，計21名からなるものでした。

同会議は，昭和61年度においては３級特別研修についてその実施の是非，研修内容その他に関する討議を行い，その後の年度においては検定制度全般について試験実施日，受験料等，制度の内容に関する検討を随時行いました。

❸ 検定試験と特別研修の実施状況

昭和61年度から平成元年度までにおける，各年度の検定試験の全科目を合わせた受験申込者数は１万1,000名台から１万2,000名台，合格者数は3,000名台から5,000名台を維持し，また特別研修申込者数は３級が加わった昭和62年度から３～4,000名台に，合格者も3,000名台に増加して，経理検定制度は定着したといえる状況になりました。

(3) 建設業経理事務士検定試験の展開

❶ 経営事項審査制度の改正

平成６年６月の建設業法一部改正により，**経営事項審査制度の改正**が行われましたが，これは，建設業経理事務士検定制度の方向に重い影響を与えました。

かねてから，入札・契約制度の改革の一環として，建設工事の適正な施工を確保するための方策を検討していた建設省（現国土交通省）建設経済局は，有効な手法として経営事項審査制度の改正に踏み切りました。経営事項審査制度の改正点はいくつかありますが，建設業経理事務士検定に影響があったのは，そのうち経営事項審査の義務化と審査の内容の変更でした。前者は，公共工事を受注する建設業者は，必ず経営事項審査を受けなければならなくなったものであり，後者は，主観的事項とされていた労働福祉の状況，工事の安全成績について全国統一の項目（客観的事項）にするとともに，新たに**建設業経理事務士の数**が評価の対象となったものでした。これらの改正は資格審査の透明性・客観性を高め，技術と経営に優れた企業の総合力を適正に判定し競争の促進を図る観点から行われたものです。

このように経営事項審査制度に新たに建設業経理事務士が導入されたことにより，経理事務士に対する認識が一段と高まるとともに，経理検定が全国的に展開され基金業務の拡充・強化の大きな契機となることが期待されました。

❷ 受験・受講者の大幅な増加

経営事項審査制度の改革により，経理事務士検定試験及び特別研修の受験者，受講者は大幅に増加しました。平成６年６月末締切の平成６年度３・４級特別研修の申込者は，あわせて３万3,600余名と，前年度申込者7,000余名の4.8倍に達し，また同年11月末締切の検定試験申込者は，１級から４級全体の延数で11万4,400余名と，実に前年度申込者延２万400余名の5.6倍にも達しました。

少し年代がさかのぼりますが，平成３年２月から３月にかけて，建設業振興基金は，１級資格者1,130名全員と２級資格者１万3,600余名のうちから抽出した1,000名を対象として，資格者の職務・処遇・メリット・活用策等につきアンケート調査を行いましたが，その調査結果によると，建設業経理事務士の制度は，建設業界内部においてあまり認識されておらず，資格者の社会的評価も低く，企業に対する貢献の割には必ずしも恵まれていないとする回答が多かったのです。

このような事情から，資格に挑戦する者は低迷し，昭和56年度のスタート以来，平成５年度までの資格取得者は１級～４級総計で12万1,700余名にとどまっていました。それがこの**経営事項審査制度の改正**で一躍注目を浴びることになり，受験・受講者が急増しました。

❸ ２級特別研修の実施

経営事項審査の評点の対象となる建設業経理事務士の資格は，１級と２級（平成10年度までの５年間に限り，３級も加点対象）ですが，平成５年度末における資格者数は１級1,731名，２級２万2,990名（３級５万1,827名）と，経営事項審査対象企業数からみて相対的に少ないことから，当面の５年間は２級の特別研修を行うこととしました。

対象者は年齢35歳以上の３級有資格者でかつ10年以上の建設業経理に関する実務経験者，研修日程は４日間，25時間30分の講習と２時間の試験との組み合わせで受講料は４万1,200円と定められました。初年度の平成６年度についての申込みが平成６年９月末に締め切られ，6,300余名の応募者がありました。平成６年度の研修は平成７年２月から実施することとなりました。

(4) 平成７年度～平成17年度

❶ 建設業経理事務士検定制度委員会・試験委員会の設置

昭和56年１月から，制度の構築及び運営を目的として設置された建設業経理事務士検定委員会を，検定試験の円滑な運営と執行体制を図るため，平成９年５月に，**建設業経理事務士検定制度委員会**と**建設業経理事務士検定試験委員会**の２つに分離しました。制度委員会においては，検定試験出題範囲の決定・年間実施計画・合格基準の決定等建設業経理事務士制度全般に関し，重要項目に係る審議を行い，試験委員会においては，級別出題範囲・試験問題作成等試験実施に係る重要案件の検討を行っています。平成16年度の制度委員会は，一橋大学・中央大学名誉教授 飯野利夫氏，試験委員会は，青山学院大学名誉教授 稲垣冨士男氏に委員長を委嘱しました。

❷ ２級建設業経理事務士特別研修の継続実施・受講資格の一部改定

建設業経理事務士の一層の普及を促進する観点から，２級建設業経理事務士普及の経過措置として，平成６年度に始まった２級の特別研修（自力で勉強することが難しい者を対象に講習と試験を組み合わせた形式で行うもの）は，当面５年間の措置で平成10年度末に終了することとなっていました。

しかし，２級特別研修の実施に関しては，建設業の経理に関する高度な知識を，効率的かつ着実に得る手段として，高い評価を受けていたため，(社)全国建設業協会・(社)日本塗装工業会・全国管工事業協同組合連合会・(社)全国建設産業団体連合会・全日本電気工事業工業組合連合会等，建設業関係団体から，平成11年度以降の継続実施の強い要望がありました。そのため，２級の資格取得状況に鑑み，平成20年度まで継続実施することとなりました。

また，２級特別研修の受講資格については，実施当初，３級合格者でかつ，建設業の経理に関する10年以上の実務経験を有する，年齢35歳以上の者という条件がありましたが，平成12年に総務庁より，「資格要件・審査業務の在り方の見直し及び適正化等」の指導があり，受講資格のうち，一定の実務経験，年齢等の条件があるものについては，原則として廃止するよう求められたので，平成13年度の申込時点から，実務経験年数及び年齢制限を廃止しました。

❸ 建設業経理事務士検定制度の位置付け

平成13年３月29日国土交通省告示第362号において建設工事等の知識等に関する審査・証明事業認定規程（平成６年建設省告示第1497号）が廃止され，また平成13年３月30日建設業法施行規則第19条（経営事項審査の項目及び基準）が改正されたことにより，建設業経理事務士検定は従来の「建設業経理に関する知識及び処理能力の審査・証明事業」としての認定から，「**経理知識審査等事業**」としての国土交通大臣指定に変更となりましたが，引き続き経営事項審査の評価項目として位置づけられました。

なお，３級建設業経理事務士についても，経過措置として，当初経営事項審査の評価対象期間を平成10年度末までとしていましたが，建設業経理事務士の一層の普及を促進する観点から，平成15年度末まで延長されることとなりました（平成11年建設省告示第1056号）。

❹ 建設業経理事務士の活性化及び活用方策

公共工事の発注のピークと言われる平成８年度以降，中堅・中小企業をはじめとした受注不振型の企業破綻件数の増加，加えて上場ゼネコンをはじめとした大型倒産による連鎖倒産等により，建設業の倒産件数は平成13年度には過去最多の6,049件を超えました。

同時に，わが国企業を取り巻く会計制度は，当時の橋本内閣が提唱した「金融ビッグバン」により派生した諸制度の国際的調和化の流れ，いわゆる「会計ビッグバン」により大きな変革の時期を迎えることとなりました。企業の業績報告を個別企業単位による開示から企業グループ単位による開示へ変更した連結会計，有価証券をはじめとした金融商品などの時価会計，企業ストック重視から現金及び現金同等物のフロー重視に改めたキャッシュフロー計算書，その他退職給付会計や固定資産の減損会計，販売用不動産の時価評価などが新たな会計基準として導入されました。

これらにより，企業が発信する会計情報，すなわち企業経営のバロメーターとなる決算書は，投資家や株主，金融機関等の企業外部の利害関係者から今まで以上に重視されることとなり，同時に企業内部においても，経営力の強化，即ち，経理・会計部門の強化が事業戦略構築において重要なものとの認識がなされるようになりました。この傾向は，建設業においても同様であり，建設企業内部では，建設業会計の専門家としての建設業経理事務士の役割がクローズアップされることとなりました。

建設業振興基金では，その中でも特に，高度な簿記会計知識を習得している１級及び２級の建設業経理事務士約20万人が建設業会計の透明化・建設業経営の安定化に果たすべき役割は大きいものと考え，平成13年度より，建設業経理事務士の活性化及び活用方策の検討を開始し，事業を展開しています。具体的には，平成15年12月，学識経験者，公認会計士，税理士，建設会社に勤務する１級建設業経理事務士らで組織する「**建設業経理事務士活用策検討委員会**」を設け，建設業経理事務士の新たな役割についての議論がなされました。しばらくの間，建設業振興基金では，当該委員会において議論された事項を基に，実務に密着した知識を提供する講習会の実施や，新たな活用策の検討，企業経営者を対象とした経営と経理に関するアンケート調査の実施など様々な事業の展開を図っています。

❺ シンガポールで建設業経理事務士検定試験を実施

平成10年３月８日に第17回建設業経理事務士検定試験が実施されました。この折，経理検定制度の創設以来はじめての試みとして，海外のシンガポールを試験地とする検定試験が実施されました。

当時のわが国の経済は，必ずしも経済の高揚期ではありませんでしたが，建設業を含む多くの日本企業が，海外にも活動拠点を求める経済活動を継続していました。特に，建設業は，社会資本整備においては日本よりも立ち遅れていた東南アジアに支店や営業所等を設けていましたから，経理人材を含む日本人が現地で活躍していました。

建設業振興基金は，海外で建設業関係の業務に従事している方々の要望に少しでも応えるべきと判断して，海外初の検定試験をシンガポールで実施しました。

結果，受験申込者は，予想をはるかに上回り，シンガポールをはじめ，マレーシア，インドネシア，タイ，スリランカ，ベトナムからの計６カ国，延べ申込者（複数科目受験を含む）は126名を数えました。

検定試験は日本と同日同時刻に実施されることとはいえ，初めての試みということで，試験には不測の事態への対応のため，建設業経理検定試験委員が立ち会うこととなりました。当初は，試験委員長の飯野利夫氏が現地に向かうことになっていましたが，当時，大学の学長職を務められており，日本における用務と重なり，残念ながら現地立ち合いはなりませんでした。代わりに，試験委員の東海幹夫が現地立ち合いをいたしました。また，現地との調整や受験者への広報等については，特に(社)海外建設協会のお力をお借りしました。

日本人中学校を試験会場として，時差が１時間あるため現地時間の８時30分（日本時間９時30分）より，文字通り日本と同時実施いたしました。

昼過ぎに熱帯特有のスコールがありましたが，幸いに遅刻者もなく，受験者は，皆真剣に試験問題に取り組み，全級無事に海外試験を実施することができました。現地の受験者の声は，一様にシンガポールでの検定試験実施を歓迎する内容のものでした。

これ以降，現在まで海外での試験は現実に至っていません。受験者もしくは関係企業のニーズが高まれば，しかるべく検討がなされることを期待します。

❻ 阪神・淡路大震災時の対応

年代は少しさかのぼりますが，平成７年１月に淡路島北部沖の明石海峡を震源として，阪神・淡路大震災が日本列島を襲い，大規模な災害が発生しました。

同年３月には，建設業経理検定試験が全国で実施されましたが，関西地区の受験者への対応として，平成７年には，３月に新大阪，９月に神戸と，年２回の実施をもって，関係地区の受験者への配慮をしました。

(5) 平成17年度～現在

❶ 位置づけ

平成14年の閣議決定「公益法人に対する行政の関与の在り方の改革実施計画」に基づき，平成17年国土交通省中央建設業審議会において，『建設業の経理に必要な知識を確認するための試験』を，登録試験として省令に規定した上で実施することとされました。その閣議決定を踏まえ，平成18年４月に建設業法施行規則が改正され，同規則第18条の３に規定する**登録経理試験**が創設されました。

建設業振興基金では，登録経理試験の実施機関として国土交通省への登録申請を行うに当たり，従来実施していた１級・２級建設業経理事務士検定試験を発展的に解消し，**登録経理試験（１級・２級）**を実施することとし，平成18年６月８日に登録証の交付（登録番号１）がなされました。これにより，建設業振興基金は，平成18年度より「建設業経理士検定試験（１級・２級）」を実施することとなり，合格者の称号は，それぞれ「１級建設業経理士」「２級建設業経理士」となりました。

３級と４級については，従来通り「**建設業経理事務士検定試験**」の名称のままとし，建設業振興基金が行う独自の資格試験との位置づけとなりました。合格者の称号については，それぞれ「３級建設業経理事務士」「４級建設業経理事務士」となりました。

❷ 建設業経理士検定試験委員会，試験問題審査会の設置

平成９年５月より，**建設業経理事務士検定制度委員会**と**建設業経理事務士検定試験委員会**を設置し，制度委員会において出題範囲の決定，合格基準その他重要事項を審議し，試験委員会において試験問題の作成，出題範囲の検討，合格基準の策定を行いました。

平成18年６月，建設業経理士検定試験（１級・２級）が登録経理試験となるのに合わせて，それまでの制度委員会，試験委員会を廃し，**建設業経理士検定試験委員会**とその下部組織として**試験問題審査会**を設置しました。新たな試験委員会は，建設業法施行規則で定める10名以上の者から構成し，職務として登録経理試験（１級・２級）についての年間実施計画の決定，試験問題の決定，出題範囲の決定，合格基準の決定，その他重要事項の決定を行っています。試験問題審査会では，建設業法施行規則で定める学識経験または実務経験のある者かつ，試験委員会の委員から構成し，職務として登録経理試験（１級・２級）の試験問題の検討，出題範囲の検討，合格基準の検討を行い，建設業経理事務士（３級・４級）の試験問題の決定その他諸事項の決定を行っています。この制度は，現在に至っています。

❸ 年間２回の開催へ

登録経理試験となってから，受験者の利便性を向上させるため，１級・２級については，

9月第2日曜日に開催する上期試験及び3月第2日曜日に開催する下期試験の年間2回としています（実際に年間2回開催としたのは，平成19年度から）。3級，4級は従来通り年間1回，3月第2日曜日に開催しています。

❹ 経営事項審査の平成20年改正

平成20年に，経営事項審査の改正が行われ，経営事項審査のW4において，加点評価の対象とされていた「建設業経理事務士等の数」が廃止され，新たに「公認会計士等数」が評価の対象とされました。加点評価の対象となる資格者は，公認会計士，会計士補，税理士，国土交通大臣の登録を受けた者が実施する登録経理試験（1級・2級）の合格者に加え，平成17年度試験までの1級建設業経理事務士，2級建設業経理事務士となりました。

さらに，社内の1級建設業経理士が経理実務責任者として経理処理の適正を確認し，自ら署名した書類を提出することによる自主監査を行った際に加点されることとなりました。

❺ 東日本大震災に伴う対応

平成22年度下期試験（第9回経理士・第30回経理事務士）の前々日となる平成23年3月11日に発生した東日本大震災は，本検定試験に影響を与えました。試験実施業務の委託先である各県建設業協会と連絡をとり，東北地方の試験地である青森，盛岡，仙台，秋田，山形，福島，関東地方の試験地である水戸，宇都宮，埼玉，千葉，東京，藤沢，静岡の13か所の試験を中止しました（前橋は試験を実施）。これら13か所の受験予定者7,785名に対しては，受験料全額を返還する措置を講じました。

❻ 建設業経理事務士特別研修の拡充（工業高校生等に対する特別研修）

建設業経理事務士特別研修（3級・4級）は，講習と検定試験を組み合わせて実施するもので，研修最終日に行われる検定試験に合格すると，3級または4級建設業経理事務士の資格が得られるもので，昭和59年より実施してきています。

この特別研修は，従来，主に社会人（建設企業の経営者や従業者等）を対象としてきましたが，若年者の建設業に対する理解及び入職促進を図るという観点から，平成22年度より工業高校生等に対しても特別研修を実施することとなりました。

【工業高校生等向け特別研修の実績】（平成30年３月末現在）

年　度	４級受講者数	３級受講者数
平成22年度	３校54名	３校37名
平成23年度	２校25名	２校11名
平成24年度	10校293名	３校74名
平成25年度	31校879名	８校115名
平成26年度	36校965名	20校260名
平成27年度	41校1,337名	21校419校
平成28年度	34校1,094名	21校408名
平成29年度	43校1,433名	23校544名

(6) 建設業経理士への支援・育成事業

❶　登録建設業経理士制度の創設

平成20年に経営事項審査が改正され，前述したように，１級建設業経理士が自主監査する場合に評価の対象となりました。この趣旨は，企業が作成する計算書類の虚偽や誤謬を防止し，質の高い企業情報の作成に関与できる人材に対して適正な評価を行うということです。

これにより，建設業経理士は今まで以上に重要な役割を担うことになることから，国土交通省から当財団に対し，次の旨の通知がなされました（平成20年３月17日付）。

> 登録経理試験実施機関（建設業振興基金）は，登録経理試験に合格した者の建設業の経理に関する業務を遂行する能力の維持向上を図るため，必要に応じ，講習の実施，企業会計基準の変更等必要な情報の提供その他の措置の実施に努められたい。

この通知を受け，当財団では，経営安定化に努力する企業や人材を支援するため，平成21年３月から建設業経理士（１級・２級）を対象に，会計知識等の維持及び向上を図ることを目的とした登録建設業経理士制度を創設しました。

当財団が実施する「登録建設業経理士講習会」を受講・修了した者に対しては，検定試験合格後も積極的な自己研鑽を行う者であるとして（登録建設業経理士として）当財団が認定しているとともに，以下のような５年間のサービス提供を行っています。

平成30年３月31日現在の登録建設業経理士数は，１級2,941名，２級4,348名となっています。

合計7,300名に到達しようとする**登録建設業経理士**は，年々その数を増していくことは言うまでもありませんが，社会資本整備（公共，民間を問わない）と深く関わる業界内，企業内で，さらには業界を超えて建設行為に関わる企業に向けて，健全で有効な会計情報の創出，そのことによるマネジメント能力の多角的な展開への貢献に，大きくしかも基幹的な役割を果たす人材として活躍されることが期待されます。

わが国の働き手改革，担い手確保の大きな課題に，どのような役割を果たしてくれるでしょうか。本稿をとりまとめた両機関の前向きな支援の状況とともに，見守っていくべき重要な動向です。

❷ 登録建設業経理士に対するサービス

（ア）登録証（カード）の発行

建設業経理士登録講習会を受講・修了した「登録１級・２級建設業経理士」に対しては，登録証（有効期間５年）を発行しています。建設業経理検定試験合格後においても，引き続き積極的に自己研鑽を行い，企業の経営安定化に努力する者であることを証明するものです。

（イ）登録建設業経理士の所属企業の公示

(一財)建設業振興基金のホームページ（ＨＰ）上に，登録建設業経理士の所属企業を公示しています。これにより，当該企業が経理面の信頼性を高める努力をしていることが確認できます。また，公共発注者に対しても，定期的に登録建設業経理士を雇用している企業名を報告しています。

（ウ）継続学習ツールや動画の配信

登録建設業経理士に限定したウェブサイトを媒体として，各種セミナーや講演等の動画配信などを行っています。

（エ）各種セミナーへの無料または特別割引価格での招待

登録建設業経理士は，(一財)建設業振興基金が実施する「スキルアップセミナー」に無料で参加することができます。このスキルアップセミナーは，経営戦略や経営計画の立案・策定など様々なテーマで全国主要都市において開催しています。さらに，(一財)建設産業経理研究機構が実施する「実務セミナー」については，登録建設業経理士が参加する場合に特別割引価格で受講できるよう，平成25年度から同法人の活動に対して，その参加費の助成をしています。

4 建設業経理に関する環境改善の関連事業

（1）建設業会計の研修

建設業における経理・会計は，建設業の産業としての特殊性を反映して，一般産業に対する会計とは異なるところがあり，建設業会計という独自の分野を持っているといえます。これを専門用語で，「**建設業会計の別記事業**」ということがあります。

ここにいう別記事業とは，特定の産業においては，会計における特質性が顕著であるために，会計関連の諸法規（旧：商法・証券取引法，現：会社法・金融商品取引法）の適用において，特に区別して独自の業法の中に個別の会計に関する規定を設ける，とされているその産業を言うものです。第二次世界大戦後の経済体制の立て直し時代に，建設業は別記事業とされましたが，現在も，建設業法の下に会計に関する規定を置き，日本の産業の中で数少ない一般産業と区別された会計を実施しなければなりません。

このような特性に配慮して，建設業振興基金は，中小建設業における建設業会計知識の普及を図るべく，建設業会計専門委員会を設置して検討の結果，具体的な研修の実施は，建設業者団体に依頼することとし，建設業振興基金は，教本（テキスト）の作成，講師の養成等の体制の整備と研修の日程の調整，講師の手配等の側面協力を行うといった方向に業務の方針を転換しました。ここでの講師陣は，その後，全国各地において，建設業者団体が主催する会計講習会で活躍することになり，建設業経理の健全な普及に貢献することとなりました。

(2) 建設業会計テキストの作成

建設業会計に関するテキスト等の作成は，昭和56年度以降，建設業振興基金が建設業経理事務士検定試験を開始したこともあって，一挙に増加しました。建設業経理事務士制度がスタートしてから昭和60年度前後までの間に，建設業振興基金が発行したテキスト等は次のようです。

・建設業会計入門（3・4級）
・新法令による建設業会計　2級実習編，解答編
・建設業経理検定試験問題・解答集
・建設業経理事務士検定試験模擬試験問題集　2級
・　〃　4級
・演習式建設業会計解説（初級）
・建設業会計講習テキスト　4級（3分冊）
・　〃　3級全訂（3分冊）
・建設業経理検定試験　問題と解説　59年度版
・建設業会計概説1級財務諸表
・建設業会計講習テキスト　1級財務諸表（2分冊）
・建設業経理事務士検定試験模擬試験問題集　1級（財務諸表）
・建設業会計講習テキスト　1級財務分析（2分冊）
・建設業会計概説1級財務分析

以上のような経理検定試験に関連する書籍については，いろいろな紆余曲折がありましたが，現在のその活動は，基本的に，(一財)建設産業経理研究機構において引き継がれ，取捨選択と時代の要請を勘案しながら，改訂・発刊をされています。

(3) 建設業経理研究会の設置

❶ 設置の経緯

平成7年に，建設省（現国土交通省）が策定した「構造改善戦略プログラム」においては，“中堅・中小企業を中心とした企業の経営基盤の充実が肝要で，財務管理能力をはじめとし

た総合的な経営力の向上を支援することが重要な課題である”と指摘して，経営基盤強化事業を戦略的推進事業として位置づけました。

このような認識を踏まえ，建設業振興基金は，平成７年11月，建設業会計に係る諸課題について調査研究を行うため，大学研究者，公認会計士，建設業界の実務者等から構成される「**建設業経理研究会**」を設置しました。初代の研究会座長は，当時の青山学院大学教授 東海幹夫でした。この研究会は，課題を３つに分かち，(1)財務会計制度に係る研究会，(2)原価計算に係る研究会，(3)経理人材に係る研究会の別に，みずからテーマを選定して調査研究を進めました。

その後，平成９年夏に端を発した上場ゼネコンの破綻，法人税の大改正，国際会計基準を視野に入れた会計基準の新規創設・改訂等の事象に対し，経理研究会の活動は，調査分析や提言等の公表を立て続けに実施し，建設業経理に関する課題に対して的確な対応を行い，業界はもとより行政（国土交通省）からも，その活動の意義を認知されることとなりました。

これらの建設業経理研究会の活動は，建設業経理検定試験に対しても，重要な影響を与えることとなり，受験者ばかりでなく，検定試験に合格し企業社会で活躍する経理人材，さらには中小建設業の経営者の経理への理解に多面的な貢献をすることになっていきます。

建設業経理研究会のその他の活動成果としては，会計基準の公開草案に対し建設業界の実情を踏まえた意見具申を行ったり，経営事項審査改正時に基礎資料の作成やデータ分析等を実施し，行政施策の立案等に対して的確なバックアップを行ってきました。また，調査研究成果を調査報告書として関係団体等へ配布し，その周知徹底に貢献しました。当時の成果は次のようなものです。

【建設業経理研究会の主な成果】（平成17年度～平成23年度）

名　称	作成年月
中小建設企業の会計指針	平成18年６月
工事契約会計	平成20年６月
工事契約会計適用ガイドライン	平成21年６月
建設業における原子力損害賠償額算定のあり方	平成23年11月

平成23年の東日本大震災の際には，原発事故により損害を受けた建設業者が適正な賠償額を算定できるように，建設業会計の特性を踏まえた算定のあり方の指針を公表し，これを災害地の諸機関にも説明するといった臨機応変の活動も評価されました。

❷ 建設業経理研究会のその他の業績（成果）

建設業経理研究会が実施した業績（成果）には，次のようなものがあります。

（ア）日本公認会計士協会の公開草案への意見具申

平成12年１月に公表された公開草案『販売用不動産等の強制評価減の要否の判断に関する

監査上の取扱い』に対し，専門委員会を設けて検討し，意見を具申しました。

(イ) 金融庁企業会計審議会の公開草案への意見具申

平成15年８月に公表された『企業結合に係る会計基準の設定に関する意見書（公開草案)』に対し，意見を具申しました。

(ウ) 建設業者の実態を把握するための大規模なアンケート調査の実施

・建設会社５万社を対象として，原価計算，会計処理，開示事項を中心とした建設業経理に関する総合的な実態調査を行い，報告書を作成しました（平成９年３月)。
・建設会社3,000社を対象として，「建設工事共同企業体」(JV) の運営実態に関する実態調査を行い，報告書を作成しました（平成12年７月)。
・建設会社500社を対象として，「建設工事共同企業体」(JV) の会計処理に関する実態調査を行い，報告書を作成しました（平成14年１月)。

(エ) 欧米建設業の実態調査の実施

欧米の公共事業の発注形態や会計処理等の実態を調査し，報告書を作成しました（平成10年12月)。

(オ) 建設業会計のガイドブックの作成

適正な建設業会計を普及するため，「建設業会計実務ハンドブック」を発刊しました（平成13年10月)。

(カ) 拡大建設業経理研究会の実施

建設業経理研究会の一部を公開形式にて開催し，行政及び業界と広く意見交換をする拡大経理研究会を開催しました（４回)。

❸ 建設業経理研究会に参加していただいた方々 （敬称略）

建設業経理研究会では，折々の課題に応じて，大学教授と公認会計士・税理士の会計プロフェッションを中心とした方々に委員としてのご参加をお願いしました。

（五十音順，敬称略，所属・役職は当時のもの）

氏　名	所　属
稲野辺　研	公認会計士，東陽監査法人
伊藤　陽子	公認会計士，新日本有限責任監査法人
薄井　彰	早稲田大学　教授
大雄　智	横浜国立大学　准教授
大中　康宏	公認会計士，有限責任監査法人トーマツ
尾畑　裕	一橋大学　教授

岸　洋平	公認会計士，新日本有限責任監査法人
木島　淑孝	中央大学　教授
木下　昌	公認会計士
上妻　義直	上智大学　教授
小林　進	公認会計士・税理士
柴　健次	関西大学　教授
菅本　栄造	中央大学　教授
鈴木　智喜	公認会計士，清陽監査法人
鈴木　豊	青山学院大学　教授
髙木　敦	証券アナリスト
田中　建二	明治大学　教授
田村　雅俊	公認会計士
近田　典行	埼玉大学　教授
東海　幹夫	青山学院大学　教授
冨塚　嘉一	中央大学　教授
富永　正行	公認会計士
中川　和久	公認会計士
中村　義人	東洋大学　教授
二ノ宮　隆雄	公認会計士，有限責任あずさ監査法人
丹羽　秀夫	公認会計士，監査法人大手門会計事務所
濱本　道正	横浜国立大学　教授
平松　一夫	関西学院大学　教授
広本　敏郎	一橋大学　教授
望月　正芳	公認会計士，有限責任あずさ監査法人
弥永　真生	筑波大学　教授
山浦　久司	明治大学　教授
山本　史枝	公認会計士，協和監査法人
油谷　成恒	公認会計士，有限責任監査法人トーマツ
尹　志煌	青山学院大学　教授
若松　昭司	公認会計士，新日本有限責任監査法人

（国土交通省，建設会社，団体代表等の委員を除いています）

5 一般財団法人建設産業経理研究機構（FARCI）との共同研究等

（1） 建設産業経理研究所（任意団体）の設立と貢献

建設業会計の研究成果を報告書として取りまとめ，関係団体等へ配布していましたが，これと並行して，建設業会計に係る情報誌を活用し，更に広く周知することが望ましい旨の提言が，前述の建設業経理研究会からなされました。この提言を受け，「**季刊　建設業の経理**」が創刊されることとなりましたが，当時の環境から，建設業振興基金ではなく他の調査研究機関が発刊することが望ましいとの判断が下されました。

これを受け，平成９年５月，飯野利夫氏（元企業会計審議会会長，元日本会計研究学会会長）を代表理事とする任意団体として，**建設産業経理研究所**が設立されました。

建設産業経理研究所は，村山德五郎氏（元日本公認会計士協会会長），安藤英義氏（日本会計研究学会会長），平松一夫氏（国際会計研究学会会長）等，当時の会計学界の第一人者の参画により，予定されていた『建設業の経理』（機関誌，季刊誌）という情報誌の発刊だけでなく，建設業会計に視点を置いた次のような独自の事業を展開しました。

なお，建設業振興基金との共同事業も多く，その主なものは以下の通りです。

①　建設業会計フォーラムの開催

建設業会計をテーマとしたフォーラム（講演及びパネルディスカッション形式）を開催している（６回）。

②　建設業経理シンポジウムの開催

地域密着型企業の経理担当者（各回30～50人程度）を対象に，建設業会計に係る意見交換会を実施している（14回）。

③　上場建設企業財務分析

平成13年３月より，上場建設企業の決算及び中間決算の分析を行い，報告書として刊行している。特に，本決算分析については，その後10年間，連続した成果として公刊した。

建設産業経理研究所の約15年の活動は，建設業界と建設行政との間に立って，第三者的立場からの客観的見解を整理する役割を担い，数多くの成果物の発刊を通じて，日本の社会資本整備を担う建設業における会計問題について，専門性の高い課題をわかりやすく解説し，しかも多方面から議論をする場を提供し，多くの関係者からその活動を評価いただいたものと理解しています。

（2） 一般財団法人の設立と展開

一般財団法人建設産業経理研究機構（Foundation for Accounting Research in Construction Industry，略称 FARCI）は，平成９年に設立した建設産業経理研究所（任意団体）の15年にわたる活動成果を礎にして，さらなる業務の発展を目指し平成25年４月に設立されました。代表理事には，青山学院大学名誉教授の東海幹夫が就任しました。

(一財)建設業振興基金，東日本建設業保証株式会社，西日本建設業保証株式会社，そして建設産業経理研究所を財団の設立者（基本出捐者）として付与された一般財団としての法人格をもって，より一層の前向きなミッションに対して，的確に取り組む集団の結成を期待されて設立されたものです。

この法人の具体的な事業展開は，定款（第3条）により，次のように定められています。「建設業経理及びその関連領域に係る諸課題について調査，研究し，その成果を出版，講演等の方法によって広く普及，啓発するとともに，組織，人材及び蓄積された専門的知見を活用して，行政施策への適時，的確な助言，提言等を行うことにより，建設業の経理の適正化，経営の強化，人材の育成等に貢献する活動を推進し，もって，建設産業若しくは社会資本整備に関連する産業の発展に適切な貢献を果たすことを目的とする」

この法人の設立後，平成30年には，FARCIの活動は6年目に入り，国や公益法人などからの受託事業を増やしながら，所期の目的である公益性業務の多様化が促進され，建設業会計（経理）をアイデンティティとする第三者機関としての役割を高めています。

(3) 建設業振興基金と建設産業経理研究機構（FARCI）との連携・協力

(一財)建設産業経理研究機構（FARCI）は，季刊誌「建設業の経理」や単行本（「建設業のための消費税Q&A」，「建設業の経営」等）を発行したり，あるいは学識経験者や職業会計人（公認会計士等），建設業団体等からなる各種委員会（会計基準委員会や中小会計委員会等）を設置し調査研究活動も深めています。ASBJ（企業会計基準委員会）のような会計基準の設定機関が公開草案を出しパブコメを実施した場合には，それらが建設企業に与える影響等を分析するなど，積極的に意見具申に対応しています。近年では，中小企業の会計ルール，工事契約会計基準等について調査研究会での議論を踏まえ，第三者としての見解の整理に力を尽くしています。

建設業振興基金の経理研究・試験部と建設産業経理研究機構とは，建設業経理検定試験制度の有効な改革に向けて，必要なコラボレーションを推進しています。

(一財)建設産業経理研究機構は，基本的に，(一財)建設業振興基金の実施する建設業経理検定試験制度を，様々な角度からバックアップすることを目的として活動しています。今後のコラボレーションなどにも期待していただきたいと思います。

建設企業における建設業経理士・経理事務士に関する実態調査

（一財）建設業振興基金
（一財）建設産業経理研究機構

- このアンケートは建設企業に所属している登録建設業経理士・経理事務士の方々を対象に，平成30年３月に実施したものである。
- アンケートは，１・２級登録建設業経理士7,331名，３・４級建設業経理事務士656名（平成28・29年度特別研修合格者）に対し，電子メールで配布した。
- アンケートの回収数は2,018件，うち有効回答は1,732件であった。
- 回答者の属性

【勤務先】資本金１億円未満の企業が約75％を占め，小規模企業への勤務者が中心となっている。〈問１〉
【性　別】男女比は，ほぼ半々。中小建設業全体の割合からすると女性の数が多い。〈問６〉
【年齢層】40歳代から50歳代が７割と，比較的高い年齢層が中心となっている。〈問７〉

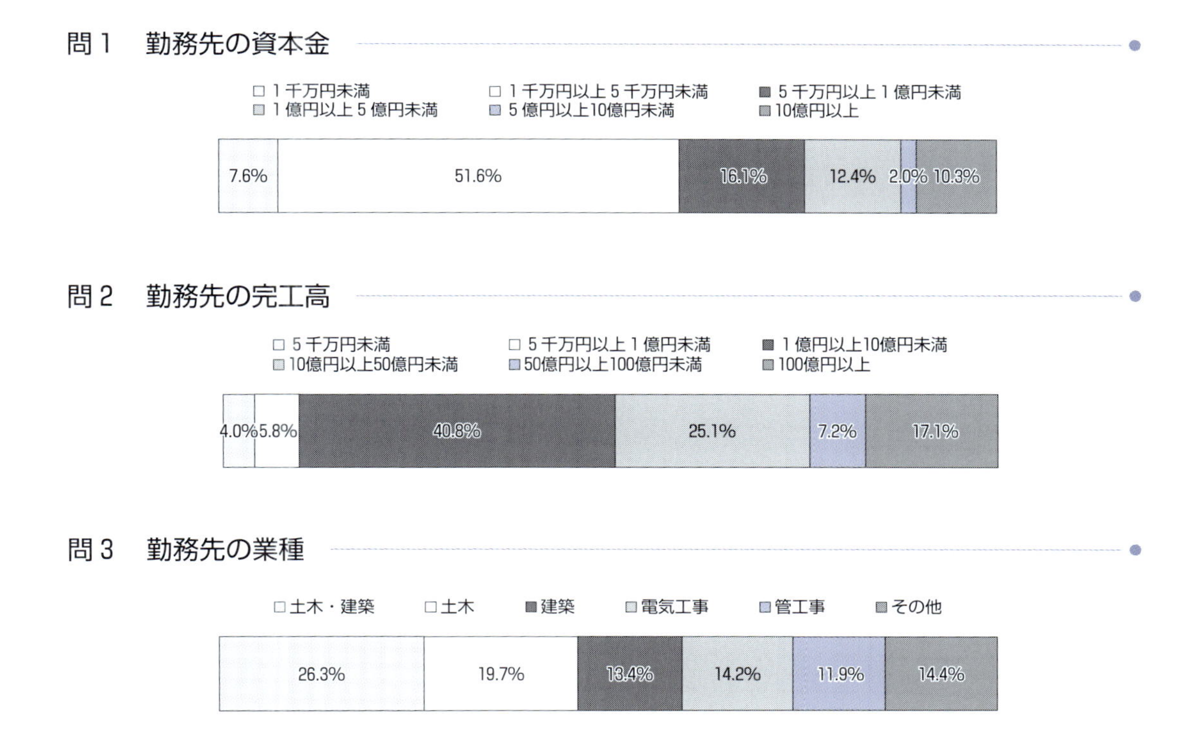

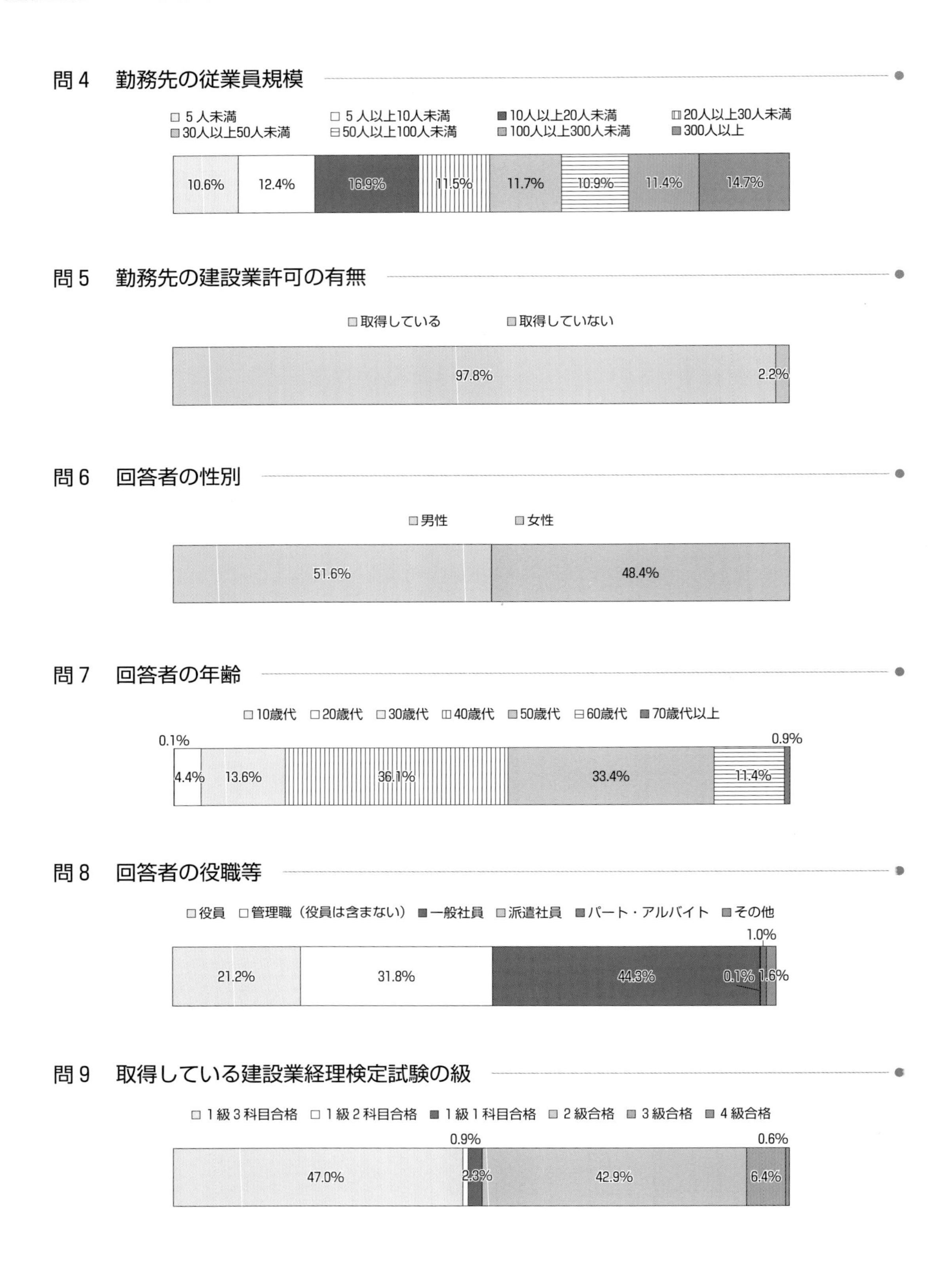
問４　勤務先の従業員規模
５人未満
５人以上10人未満
10人以上20人未満
20人以上30人未満
30人以上50人未満
50人以上100人未満
100人以上300人未満
300人以上
10.6%
12.4%
16.9%
11.5%
11.7%
10.9%
11.4%
14.7%
問５　勤務先の建設業許可の有無
取得している
取得していない
97.8%
2.2%
問６　回答者の性別
男性
女性
51.6%
48.4%
問７　回答者の年齢
10歳代
20歳代
30歳代
40歳代
50歳代
60歳代
70歳代以上
0.1%
4.4%
13.6%
36.1%
33.4%
11.4%
0.9%
問８　回答者の役職等
役員
管理職（役員は含まない）
一般社員
派遣社員
パート・アルバイト
その他
21.2%
31.8%
44.3%
0.1%
1.0%
1.6%
問９　取得している建設業経理検定試験の級
１級３科目合格
１級２科目合格
１級１科目合格
２級合格
３級合格
４級合格
47.0%
0.9%
2.3%
42.9%
6.4%
0.6%

問10　資格を取得した理由（複数回答）

「自己啓発」が64.4％，「経審対策」が56.1％

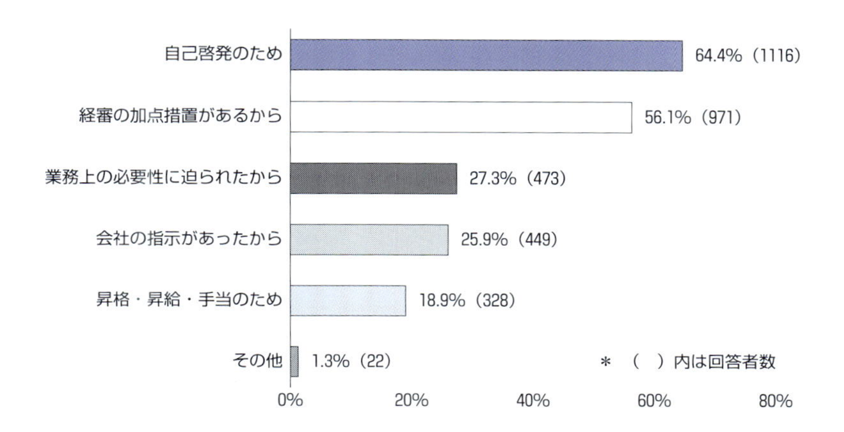

「建設業経理士・経理事務士」資格を取得した理由は，「自己啓発のため」64.4％と最も多く，次いで「経審の加点措置があるから」56.1％と続く。

ただ役職別にみると，役員である回答者の場合，「経審の加点措置」（68.4％）の方が突出して多く，立場による違いが見て取れる。

問11　資格取得における支援（複数回答）

約７割が「受験料・受講料を負担」してもらう

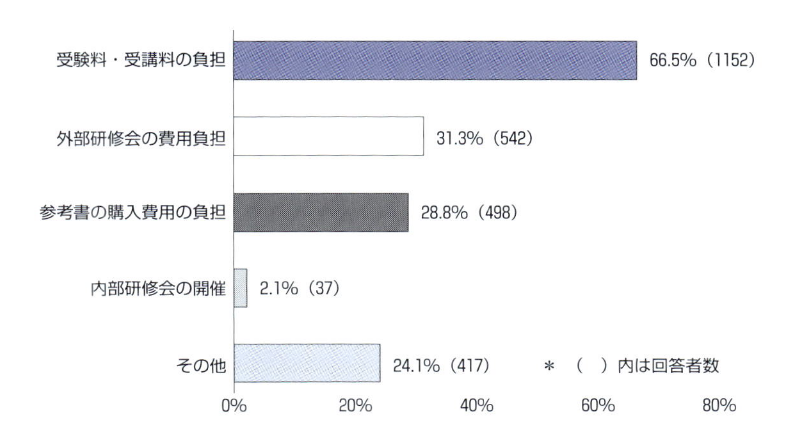

会社が行う資格取得に対する支援は，「受験料・受講料の負担」66.5％が圧倒的に多い。数値はぐっと下がるが，次いで「外部研修会の費用負担」31.3％，「参考書の購入費用の負担」28.8％と続く。

問12　資格取得に伴う待遇の変化（複数回答）

回答者の半数が「昇進・昇給した」

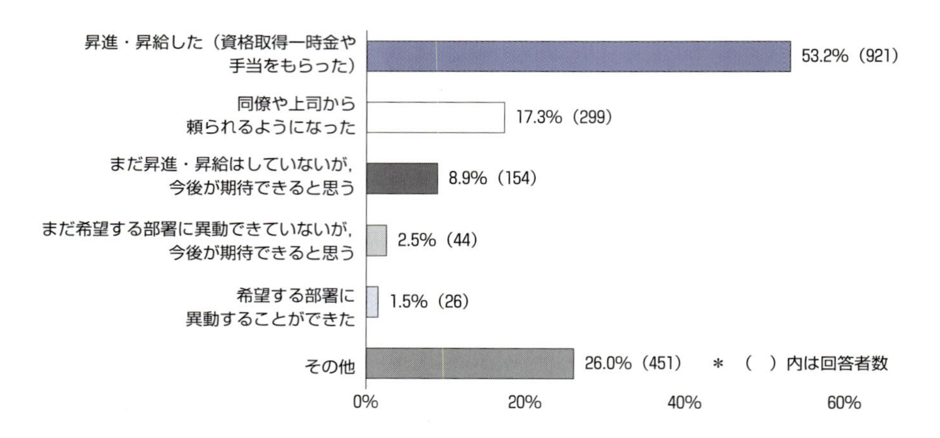

資格取得に伴う待遇の変化については，「昇進・昇給した」が53.2％と多い。

属性別で見ると，概して大規模な会社ほど，「昇進・昇給した」とする割合が高い。また，取得している級でみると，３・４級においては，「まだ昇進・昇給はしていないが，期待できる」の方が多くなっている。

問13　取得しているその他の資格（複数回答）

半数以上が日商簿記の資格保有者

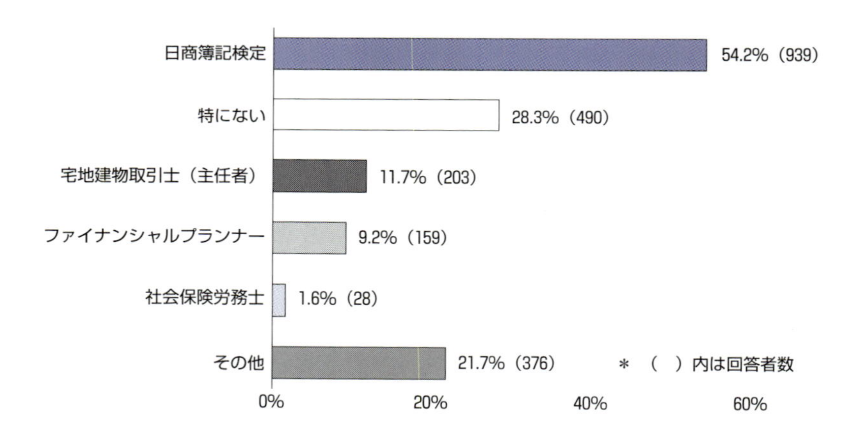

その他の資格としては，日商簿記検定が54.2％と半数以上を占める。

属性別で，取得している級数別にみると，１・２級など高い級になるほど日商簿記を取得している割合が高い。

問14　1級合格者が「自主監査」できることの認知

6割以上が自主監査について「知っていた」

建設業経理検定1級合格者が「自主監査」を行うことができることは，63.2%が「知っていた」と回答した。

問15　自社における「自主監査」

3割の企業が自主監査を実施

社内で「自主監査」を行っている企業の割合は3割。自主監査について「知っていた」人の半分が実際に行っていることが推測される。

問16　自主監査を行っている人（複数回答）

4割の回答者が，自身で自主監査を行う

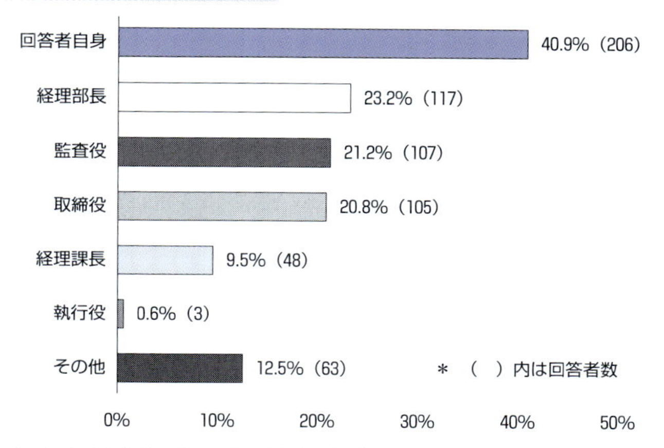

社内で「自主監査」を行う場合，「回答者自身（＝建設業経理士）」が実施担当となる割合40.9%が最も多く，次いで「経理部長」23.2%，「監査役」21.2%，「取締役」20.8%と続く。

属性別にみると，小さな規模の会社ほど，回答者自身が自主監査をやっている割合は高まっている。

問17　勤務先における「経理部」の位置づけ

経理部として「独立している」会社は約２割

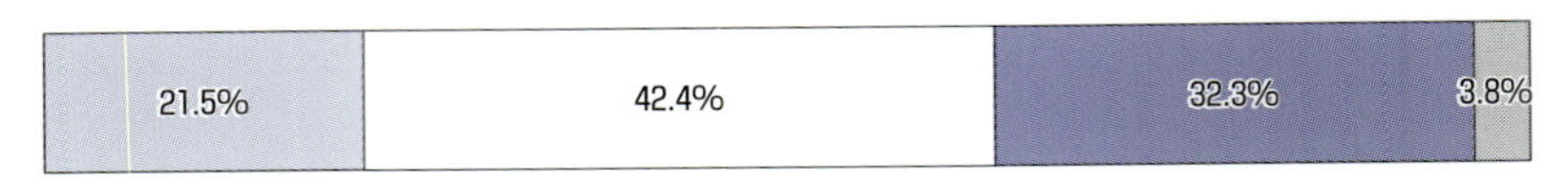

会社における「経理部」は，「総務（庶務）などの業務を兼ねる部署」42.4%が最も多く，次いで「総務（庶務）に含まれる」が32.3%，「独立している」が21.5%と続く。

問18　よく交渉や相談をする相手先（複数回答）

身近な相談先は「税理士事務所」

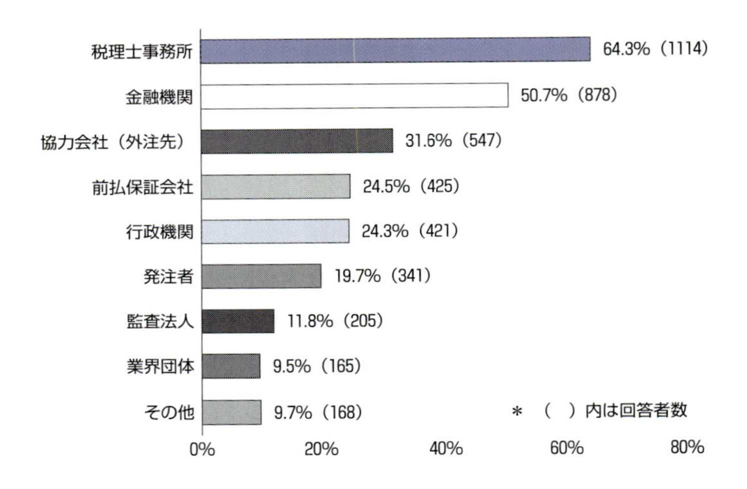

よく交渉や相談をする相手先は，「税理士事務所」が64.3%と最も多く，「金融機関」が50.7%で続く。

ただし，完工高100億円以上の大規模企業に限ってみると，「監査法人」が一番の相手先となっている。

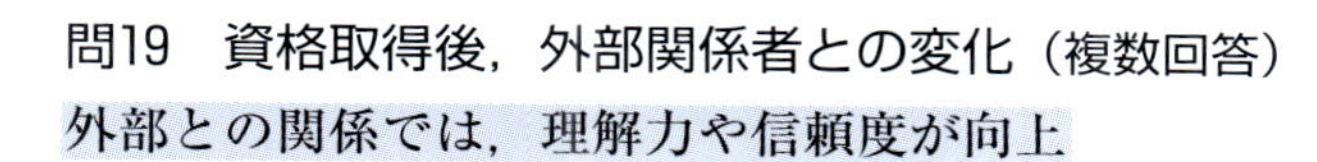

問19　資格取得後，外部関係者との変化（複数回答）

外部との関係では，理解力や信頼度が向上

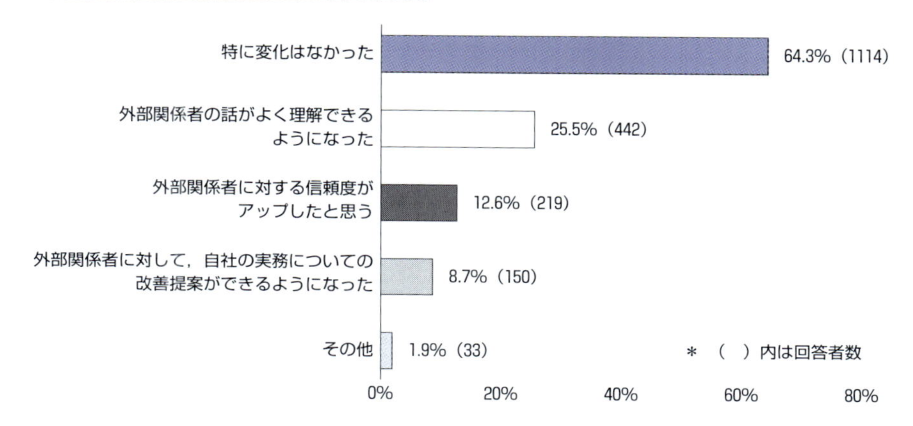

建設業経理士・経理事務士資格を取得したことにより，外部との関係は，「特に変化はなかった」64.3%が最も多い。ただ，それに続いて「話がよく理解できるようになった」25.5%や「信頼度がアップした」12.6%などの変化を指摘する回答もあった。

属性別では，年齢が若く，資格の級が低いほど，「特に変化はなかった」とする割合が高い。

問20　自身による税務申告業務

自身による税務申告は２割が実施

□行っている　□行っていない

21.4%　78.6%

建設業経理士・経理事務士自ら自社の税務申告業務を行っているか否かについては，「行っていない」が78.6%と約８割を占めている。

問21　現在，経理・会計業務への携わり方

４人に３人が経理・会計業務に携わっている

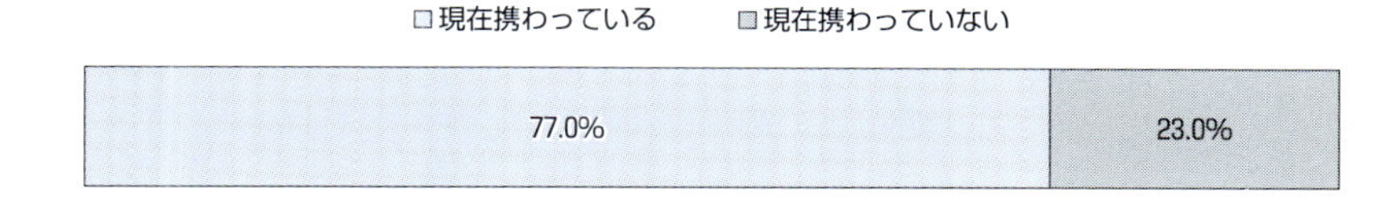

建設業経理士・経理事務士として，経理・会計業務に「現在携わっている」割合は77%。

属性別に見ると，勤め先企業の規模が小さいほど，また年齢が高くなるほど経理・会計業務に携わる割合は高まっている。

問22　担当している業務（複数回答）

決算処理をはじめ，多岐にわたる業務を担当

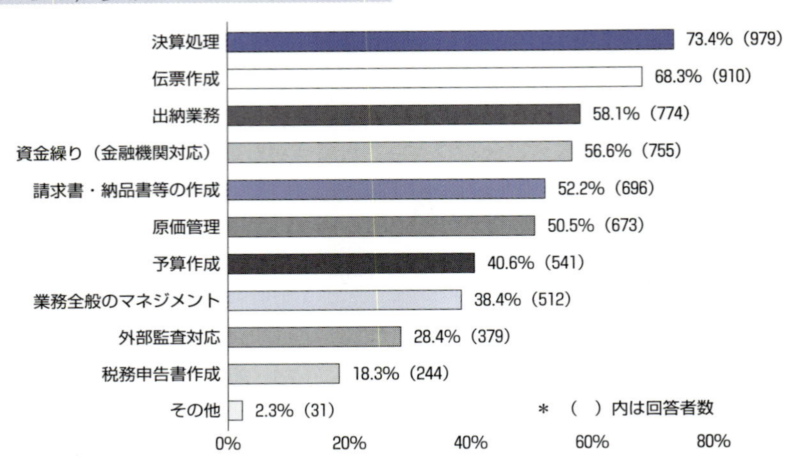

経理・会計業務に携わっている回答者が担当している具体的業務は，「決算処理」が73.4%と最も多い。年齢が高くなるほど，また保有資格の級数が高いほど，同業務を担当する割合が高くなっている。

さらに「伝票作成」68.3%，「出納業務」58.1%と続く。「伝票作成」を属性別でみると，性別では「女性」，年齢では「10−30歳代」，保有資格が３・４級の者において，特にその割合が高い。

問23　会計業務の相談先（複数回答）

９割が「税理士事務所」に相談

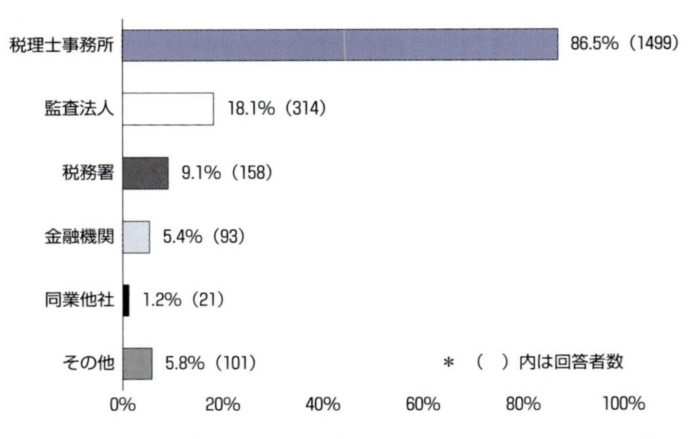

会社の会計業務の相談先は，「税理士事務所」が86.5%と圧倒的に多い。中小企業が多いことから，会計業務においても，税理士に相談している状況がうかがえる。

ただし，完工高100億円以上の大企業においては，「監査法人」が「税理士事務所」を上回っている。

問24　過去，経理・会計業務への携わり方

一度も経理・会計に携わってないのは１割

□過去も携わったことがない　□過去に携わったことがある

48.9%　51.1%

現在，経理・会計に携わっていない回答者のなかで，「過去も携わったことがない」人は48.9％（195人）。

問25　現在携わっている業務（経理・会計以外）（複数回答）

経理・会計以外では，「総務」につく者が多い

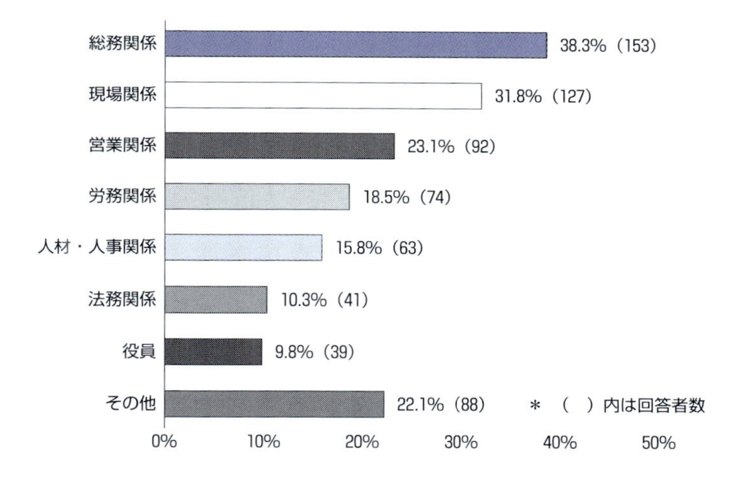

現在，経理・会計に携わっていない回答者の現業務は，「総務関係」が38.3％と最も多く，次いで「現場関係」31.8％，「営業関係」23.1％と続く。

問26　資格取得による業務への影響（複数回答）

広い範囲で理解が深まる

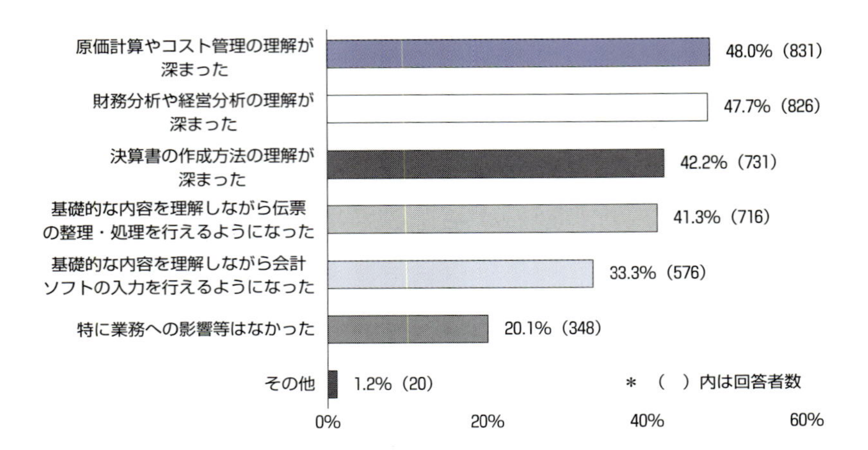

資格取得による業務への影響としては，「原価計算やコスト管理」，「財務分析や経営分析」，「決算書の作成方法」についての理解が深まったという回答が，それぞれ40％を超えて多い。

属性別では，級や年齢の高い回答者では「財務分析や経営分析」が高く，級や年齢が低い回答者では「伝票の整理・処理」が高い傾向がみられる。

問27　回答者における経営への関わり（複数回答）

級や年齢が上がるほど経営にも関与

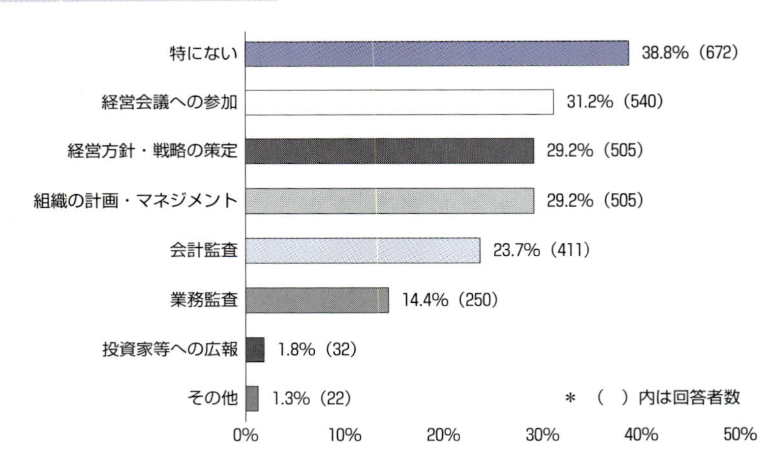

建設業経理士・経理事務士の経営への関与については，「特にない」が38.8％。

しかし，一方では，「経営会議への参加」，「経営方針・戦略の策定」，「組織の計画・マネジメント」に関与しているという回答もそれぞれ３割程度ある。

属性別でみると，やはり級や年齢が高い回答者ほど，経営に何らかの関わりをもっている割合が高い。

問28　会計ソフトの使用状況

7割の会社が会計ソフトを使用

会計ソフトの導入については，7割を超える企業が「使用している」と回答。
属性別では，保有資格の級が高い回答者ほど，ソフトを使用している率も高い。

問29　会計ソフトの利用目的（複数回答）

9割が「帳簿記入」「試算表，決算書の作成」

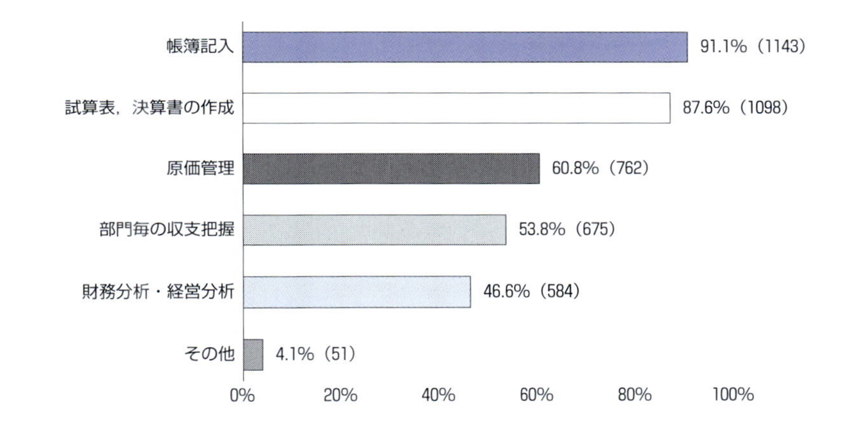

導入している会計ソフトの利用目的としては，「帳簿記入」が91.1%と最も多く，次いで，「試算表，決算書の作成」が87.6%で続く。

建設業経理士インタビュー

経理部員の視点から

金子　まゆみ　氏
ジェクト株式会社 経理部
２級建設業経理士

▶ジェクト株式会社
所　在　地：神奈川県川崎市
売　上　高：4,434百万円
従 業 員 数：96名
主な事業内容：総合建設業，資産コンサルティング，不動産仲介管理業 等

これまでのご経歴や，現在の仕事内容を教えてください。

前職はメーカーで，同じく経理を担当していました。弊社に入社してからは，主に下請業者への支払い業務などを担当しています。

建設業経理士２級取得の経緯を教えてください。

経審の点数のために，入社した時点で会社のほうから２級の取得を促されたことがきっかけです。基本的には独学でしたが，建設業協会さんが開催している，数日間の講習会にも参加しました。

資格の良い面はなんでしょうか。

前職のときに日商簿記は取っていたのですが，建設業ははじめてでした。そのため最初は勘定科目も知らないものばかりで戸惑ったのですが，資格の勉強を通して「なるほど，そういうこと」と理解できたと思います。

それと，今度工事部に入ってくる新卒の高校生の方３名は，４級をみなさん持っているとのことなのですが，資格を通して，若い方が入社前からお金の流れに関する知識を得られるというのも良いことですね。経理部としては，現場の方が会計・経理に関する「言葉」を知ってくれているというのは，コミュニケーションの面で，大変ありがたいです。

１級を目指すご予定はございますか。

１級はちょっと，まだハードルが高いと思ってしまっていますね。仕事が終わってから，あるいは休みの日などに，勉強の時間を捻出するのも大変で。例えば講習会などを，近い場所で行きたい時間に受けられるような機会ができれば，また違ってくるかなとは思っています。

建設業経理士の資格は，実務の現場でどのように活かされているのでしょうか。
実際に資格をお持ちの方にお話をうかがいました。

深松 努 氏

株式会社深松組 代表取締役社長
２級建設業経理士

経営者の視点から

▶株式会社深松組
所　在　地：宮城県仙台市
売　上　高：9,321,509千円
従 業 員 数：123名
主な事業内容：土木・建築工事の施工，不動産賃貸事業 等

どのような事業をなさっているか簡単に教えてください。

本業の建設業では，宮城県，富山県，新潟県を中心に，官公庁の土木・建築工事，また民間の住宅・賃貸マンション等の建築工事を施工しております。近年は再生可能エネルギー発電事業，沖縄開発事業，ミャンマーでのサービスアパートメント事業等，国内外で様々な事業に挑戦しています。

現在，経理担当の方は何名いらっしゃいますか。

今，11名在籍しています。経審の点数にもなりますので，建設業経理士の２級の取得を奨励しています。

経理の方はどのようにご活躍されていますか。

弊社は地場の建設業としては多くの銀行と取引していますが，経理担当者が財務諸表などの資料をきちんと作って，銀行にしっかり説明をしてくれるので，とても心強いですね。また私はあちこちを飛び回って，良い事業のチャンスがあればどんどん話を決めてくるのですが，そういうことができるのも，彼らが土台を固めてくれているからこそです。現場から経理課長に「このぐらいの金額だけど，どう」と電話して，「そのぐらいならいけそうです」と言われれば，もうその場で返事をする，そのぐらい経理の判断を信頼しています。

社長ご自身も２級の資格をお持ちです。活かされている点などはございますか。

経理の担当者に取るように言っているので，自分も取得しました。銀行とやり取りをする際も，細かい部分は経理に任せていますが，自分も知識を持っていることで，話がしやすいということはありますね。銀行でもどこでも，一緒に仕事をする相手には，この社長だったら大丈夫だ，と信頼していただかないと始まりません。そういう意味でも，財務の話はちゃんとできるようになっていないといけないと思います。

2018
最終特別号
前編

Construction Accounting
No.83 建設業の経理

◉お知らせ

平素よりご購読をいただき，ありがとうございます。
当誌の発行スケジュールについて，以下お知らせいたします。

・第84号：特別号（2018年秋発行予定）
「建設業経理（会計）の展望」（仮称）

引き続き「特別号」として，第84号を発行いたしてまいります。
最終号までは，なにとぞ，ご愛顧のほどよろしくお願い申し上げます。
ご不明なことがございましたら，株式会社清文社（03-6273-7946）までお問い合わせください。

建設業の経理 Review No.82 春季号

FARCIフォーラム 2017 in 東京　**建設業経営革新の新潮流**
東海 幹夫 氏◇一般財団法人建設産業経理研究機構　代表理事
吉田 光市 氏◇国土交通審議官
丹羽 秀夫 氏◇公認会計士・税理士

■「収益認識に関する会計基準」の下での工事進行基準
専修大学 商学部教授　石原 裕也

■大手ゼネコンにおける財務諸表分析
駒澤大学 経営学部教授　桑原 正行

■平成30年度　税制改正大綱の概要
国際医療福祉大学大学院准教授　税理士　安部 和彦

[編集・発行]　一般財団法人 **建設産業経理研究機構**　2018年5月20日発行
〒105-0001 東京都港区虎ノ門4-2-12　虎ノ門4丁目MTビル2号館3階
TEL 03-5425-1261　FAX 03-5425-1262
[URL] http://www.farci.or.jp　[Eメール] info@farci.or.jp

[発行人]　**東海 幹夫**

[監修]　一般財団法人 **建設業振興基金**

[制作・発売]　株式会社 **清文社**
〒101-0047 東京都千代田区内神田1-6-6（MIFビル）
TEL 03-6273-7946　FAX 03-3518-0299
〒530-0041 大阪市北区天神橋2丁目北2-6（大和南森町ビル）
TEL 06-6135-4050　FAX 06-6135-4059
[URL] http://www.skattsei.co.jp

装丁：Nakaguro Graph（黒瀬章夫）

特別企画

建設業経理士
検定試験

第23回 1級／2級

建設業経理事務士
検定試験

第37回 3級／4級

模範解答＆解説

税理士・登録1級建設業経理士
大阪経済法科大学 講師
南　武博

一般財団法人建設産業経理研究機構
特任研究員
土井 直樹

4級

問題

〔第１問〕　次の各取引について仕訳を示しなさい。使用する勘定科目は下記の＜勘定科目群＞から選び、その記号（A～R）と勘定科目を書くこと。なお、解答は次に掲げた（例）に対する解答例にならって記入しなさい。　(24点)

（例）　現金￥100,000を当座預金に預け入れた。

(1)　長崎工務店は、現金￥500,000を元手に事業を始めた。

(2)　本社事務所で使用する文房具を購入し、その代金￥18,000を現金で支払った。

(3)　金銭の貸付先から元金￥350,000とその利息￥3,000が当店の普通預金口座に振り込まれた。

(4)　外注先より作業完了の報告を受け、代金￥150,000を小切手を振り出して支払った。

(5)　工事が完成したため引渡し、その代金￥980,000が当座預金に振り込まれた。

(6)　現場の事務所家賃￥30,000と現場の電話代￥5,000をまとめて現金で支払った。

＜勘定科目群＞

A　現金	B　当座預金	C　受取利息	D　普通預金	E　資本金
F　事務用消耗品費	G　借入金	H　完成工事原価	J　完成工事高	K　支払利息
L　材料費	M　労務費	N　外注費	Q　経費	R　貸付金

解答

仕訳　　記号（A～R）も記入のこと

No.	借方			貸方		
	記号	勘定科目	金額	記号	勘定科目	金額
(例)	B	当座預金	100000	A	現金	100000
(1)	A	現金	500000	E	資本金	500000
(2)	F	事務用消耗品費	18000	A	現金	18000
(3)	D	普通預金	353000	R	貸付金	350000
				C	受取利息	3000

(4)	N	外注費	150000	B	当座預金	150000
(5)	B	当座預金	980000	J	完成工事高	980000
(6)	Q	経費	35000	A	現金	35000

問題

〔第２問〕 次の問に解答しなさい。 （20点）

問１ 次の文の ＿＿ の中に入る用語として最も適当と思われるものを下記の<用語群>から選び、その記号（ア～タ）を解答欄に記入しなさい。

(1) 企業の経営活動を記録・計算するために設けられた帳簿上の場所を［ 1 ］といい、これには標準式と［ 2 ］がある。

(2) 簿記には、その記帳方法の違いによって［ 3 ］と［ 4 ］の二つがある。

(3) 残高試算表の貸方には、収益と［ 5 ］と［ 6 ］に属する諸勘定の残高が記入される。

(4) ［ 7 ］は費用の勘定科目であり、［ 8 ］は収益の勘定科目である。

<用語群>

ア 仕訳帳	イ 総勘定元帳	ウ 資本（純資産）	エ 収益	オ 資産
カ 複式簿記	キ 貸付金	ク 借入金	コ 受取利息	サ 支払利息
シ 勘定口座	ス 費用	セ 単式簿記	ソ 残高式	タ 負債

問２ 次の表の（ア）～（シ）に入る金額を計算し、その金額を解答欄に記入しなさい。ただし、期中に資本の追加元入れ及び引出しはなかったものとする。なお、当期純損失の場合は△（マイナス）の符号をつけること。

（単位：円）

年度	期首			期末			収益	費用	当期純利益または当期純損失（△）
	資産	負債	資本（純資産）	資産	負債	資本（純資産）			
X	50,000	（ア）	23,000	（イ）	30,000	（ウ）	80,000	（エ）	12,000
Y	（オ）	75,000	（カ）	93,000	（キ）	8,000	（ク）	152,000	△ 2,000
Z	（ケ）	155,000	41,000	213,000	166,000	（コ）	（サ）	50,000	（シ）

解答

問1　記号（ア～タ）

1	2	3	4	5	6	7	8
シ	ソ	セ	カ	タ	ウ	サ	コ

問2

X	（ア）¥	27000	（イ）¥	65000	（ウ）¥	35000	（エ）¥	68000
Y	（オ）¥	85000	（カ）¥	10000	（キ）¥	85000	（ク）¥	150000
Z	（ケ）¥	196000	（コ）¥	47000	（サ）¥	56000	（シ）¥	6000

問題

〔第3問〕　関東工務店に関する次の<資料1>及び<資料2>に基づいて、解答用紙の合計残高試算表（平成×9年6月30日現在）を完成しなさい。　(30点)

<資料1>

合計試算表
平成×9年6月15日現在
(単位：円)

借方	勘定科目	貸方
869,000	現金	320,000
723,000	当座預金	202,000
220,000	備品	
178,000	土地	
	借入金	400,000
	資本金	820,000
	完成工事高	530,000
55,000	材料費	
45,000	労務費	
18,000	外注費	
13,000	経費	
96,000	給料	
5,000	通信費	
5,000	旅費交通費	
39,000	支払家賃	
6,000	支払利息	
2,272,000		2,272,000

<資料2> 平成×9年6月16日から30日までの取引

18日 営業部員の交通費¥8,000を現金で支給した。

〃 工事用の木材を購入して現場へ直送し、その代金¥60,000を現金で支払った。

20日 本社事務員の給料¥13,000を現金で支払った。

〃 現場作業員の賃金¥18,000を現金で支払った。

23日 銀行より¥500,000を借り入れ、当座預金に入金された。

25日 手許現金を補充するため、小切手¥80,000を振り出した。

28日 現場の電話料¥20,000が当座預金から引き落とされた。

30日 借入金の利息¥8,000を現金で支払った。

解答

合計残高試算表

平成×9年6月30日現在 (単位:円)

借方		勘定科目	貸方	
残高	合計		合計	残高
522000	949000	現金	427000	
921000	1223000	当座預金	302000	
220000	220000	備品		
178000	178000	土地		
		借入金	900000	900000
		資本金	820000	820000
		完成工事高	530000	530000
115000	115000	材料費		
63000	63000	労務費		
18000	18000	外注費		
33000	33000	経費		
109000	109000	給料		
5000	5000	通信費		
13000	13000	旅費交通費		
39000	39000	支払家賃		
14000	14000	支払利息		
2250000	2979000		2979000	2250000

問題

〔第4問〕　次の事項を参照のうえ、解答用紙の精算表を完成しなさい。　（26点）

(1)　当期末において工事はすべて完成し、引渡し済みである。
(2)　工事に関する原価は、すべて完成工事原価勘定に振り替える。

解答

4級－3

精　算　表

（単位：円）

勘定科目	残高試算表		整理記入		損益計算書		貸借対照表	
	借方	貸方	借方	貸方	借方	貸方	借方	貸方
現金	485000						485000	
当座預金	980000						980000	
普通預金	650000						650000	
建物	850000						850000	
借入金		880000						880000
資本金		1200000						1200000
完成工事高		2500000				2500000		
材料費	450000			450000				
労務費	250000			250000				
外注費	550000			550000				
経費	85000			85000				
給料	120000				120000			
通信費	10000				10000			
旅費交通費	70000				70000			
水道光熱費	10000				10000			
支払地代	50000				50000			
支払利息	20000				20000			
	4580000	4580000						
完成工事原価			1335000		1335000			
			1335000	1335000	1615000	2500000	2965000	2080000
当期（純利益）					885000			885000
					2500000	2500000	2965000	2965000

3 級

問題

〔第１問〕　長野工務店の次の各取引について仕訳を示しなさい。使用する勘定科目は下記の ＜勘定科目群＞ から選び、その記号（A～X）と勘定科目を書くこと。なお、解答は次に掲げた（例）に対する解答例にならって記入しなさい。

（20 点）

（例）　現金￥100,000 を当座預金に預け入れた。

(1)　A社に対する貸付金の回収として郵便為替証書￥50,000 を受け取った。

(2)　現金過不足としていた￥30,000 のうち￥13,000 は本社事務員の旅費であり、残額は現場作業員の旅費と判明した。

(3)　現場作業員の賃金￥350,000 から所得税源泉徴収分￥25,000 と立替金￥20,000 を差し引き、残額を現金で支払った。

(4)　工事が完成したため発注者に引渡し、代金のうち￥350,000 については前受金と相殺し、残額￥950,000 を請求した。

(5)　建設現場で使用する機械￥1,000,000 を購入し、代金のうち￥730,000 は現金で支払い、残額は翌月末払いとした。

＜勘定科目群＞

A	現金	B	当座預金	C	未成工事受入金	D	仮受金	E	工事未払金
F	貸付金	G	現金過不足	H	外注費	J	完成工事高	K	完成工事未収入金
L	未払金	M	経費	N	給料	Q	立替金	R	労務費
S	機械装置	T	材料費	U	材料	W	預り金	X	旅費交通費

解答

仕訳　記号（A～X）も記入のこと

No.	借方			貸方		
	記号	勘定科目	金額	記号	勘定科目	金額
(例)	B	当座預金	100000	A	現金	100000
(1)	A	現金	50000	F	貸付金	50000
(2)	X	旅費交通費	13000	G	現金過不足	30000
	M	経費	17000			

(3)	R	労務費	350000	W Q A	預り金 立替金 現　金	25000 20000 305000
(4)	C K	未成工事受入金 完成工事未収入金	350000 950000	J	完成工事高	1300000
(5)	S	機械装置	1000000	A L	現　金 未払金	730000 270000

問題

〔第2問〕　次の＜資料＞に基づき、下記の問に解答しなさい。　(12点)

＜資料＞

1．平成×年3月の工事原価計算表

工事原価計算表

平成×年3月

(単位：円)

摘　要	A工事		B工事		C工事		D工事	合　計
	前月繰越	当月発生	前月繰越	当月発生	前月繰越	当月発生	当月発生	
材料費	34,900	×××	99,300	49,600	×××	36,200	75,200	418,700
労務費	17,700	83,300	56,200	×××	26,900	48,900	65,200	317,400
外注費	13,300	16,000	34,200	19,700	×××	56,300	×××	×××
経　費	9,500	24,300	×××	×××	18,600	25,300	12,300	149,700
合　計	×××	179,600	×××	131,600	169,000	×××	187,800	×××
備　考	完　成		完　成		未完成		未完成	

2．A工事・B工事・C工事は前月より着手している。

3．前月より繰り越した未成工事支出金の残高は¥450,700であった。

問1　前月発生の外注費を計算しなさい。

問2　当月の完成工事原価を計算しなさい。

問3　当月末の未成工事支出金の残高を計算しなさい。

問4　当月の完成工事原価報告書に示される材料費を計算しなさい。

解答

問1 ¥ 103500　　問2 ¥ 592900

問3 ¥ 523500　　問4 ¥ 239800

問題

〔第3問〕　次の<資料1>及び<資料2>に基づき、解答用紙の合計残高試算表（平成×年12月30日現在）を完成しなさい。なお、材料は購入のつど材料勘定に記入し、現場搬入の際に材料費勘定に振り替えている。　(30点)

<資料1>

合計試算表
平成×年12月20日現在
（単位：円）

借方	勘定科目	貸方
999,000	現金	560,000
2,130,000	当座預金	1,600,000
2,066,000	受取手形	1,432,000
1,523,000	完成工事未収入金	840,000
696,000	材料	393,000
555,000	機械装置	
498,000	備品	
1,300,000	支払手形	2,523,000
423,000	工事未払金	956,000
1,113,000	借入金	3,322,000
899,000	未成工事受入金	1,633,000
	資本金	1,000,000
	完成工事高	3,650,000
2,325,000	材料費	
1,399,000	労務費	
955,000	外注費	
620,000	経費	
333,000	給料	
49,000	通信費	
26,000	支払利息	
17,909,000		17,909,000

<資料2>　平成×年12月21日から12月30日までの取引

21日　工事契約が成立し、前受金¥300,000を現金で受け取った。
22日　工事の未収代金¥500,000が当座預金に振り込まれた。
23日　材料¥130,000を掛けで購入し、資材倉庫に搬入した。
〃　材料¥50,000を資材倉庫より現場に送った。
25日　外注業者から作業完了の報告があり、外注代金¥190,000の請求を受けた。
26日　現場の動力費¥30,000を現金で支払った。
〃　掛買し、資材倉庫に保管していた材料に不良品があり、¥50,000の値引きを受けた。
27日　取立依頼中の約束手形¥480,000が支払期日につき、当座預金に入金になった旨の通知を受けた。
28日　材料の掛買代金の未払い分¥45,000を現金で支払った。
29日　現場の電話代¥15,000を支払うため小切手を振り出した。
〃　完成した工事を引き渡し、工事代金¥1,000,000のうち前受金¥300,000を差し引いた残額を約束手形で受け取った。
30日　材料の掛買代金¥280,000の支払いのため、約束手形を振り出した。
〃　借入金¥523,000とその利息¥13,000を支払うため、小切手を振り出した。

解答

合計残高試算表

平成×年12月30日現在　　　　（単位：円）

借方		勘定科目	貸方	
残高	合計		合計	残高
664000	1299000	現金	635000	
959000	3110000	当座預金	2151000	
854000	2766000	受取手形	1912000	
183000	1523000	完成工事未収入金	1340000	
333000	826000	材料	493000	
555000	555000	機械装置		
498000	498000	備品		
	1300000	支払手形	2803000	1503000
	798000	工事未払金	1276000	478000
	1636000	借入金	3322000	1686000
	1199000	未成工事受入金	1933000	734000
		資本金	1000000	1000000
		完成工事高	4650000	4650000
2375000	2375000	材料費		
1399000	1399000	労務費		
1145000	1145000	外注費		
665000	665000	経費		
333000	333000	給料		
49000	49000	通信費		
39000	39000	支払利息		
10051000	21515000		21515000	10051000

問題

〔第４問〕 次の文の［　　］の中に入る最も適当な用語を下記の<用語群>の中から選び、その記号（ア～ス）を解答欄に記入しなさい。
（10点）

(1) 材料の［ a ］を把握する方法として継続記録法と［ b ］がある。

(2) 未収利息は［ c ］の勘定に属し、未払利息は［ d ］の勘定に属する。

(3) 完成工事未収入金の回収可能見積額は、その期末残高から［ e ］を差し引いた額である。

<用語群>

ア 資産　イ 負債　ウ 直接記入法　エ 消費数量　オ 収益
カ 費用　キ 購入数量　ク 資本　コ 貸倒損失　サ 棚卸計算法
シ 間接記入法　ス 貸倒引当金

解答

記号（ア～ス）

a	b	c	d	e
エ	サ	ア	イ	ス

問題

〔第５問〕 次の<決算整理事項等>により、解答用紙に示されている栃木工務店の当会計年度（平成×年１月１日～平成×年12月31日）に係る精算表を完成しなさい。なお、工事原価は未成工事支出金勘定を経由して処理する方法によっている。
（28点）

<決算整理事項等>

(1) 機械装置（工事現場用）について¥98,000、備品（一般管理用）について¥22,000の減価償却費を計上する。

(2) 有価証券の時価は¥233,000であり、評価損を計上する。

(3) 受取手形と完成工事未収入金の合計額に対して３％の貸倒引当金を設定する。（差額補充法）

(4) 現金の実際有高は¥330,000であった。差額は雑損失とする。

(5) 支払家賃には前払分¥9,400が含まれている。

(6) 未成工事支出金の次期繰越額は¥563,000である。

解答

精　算　表

（単位：円）

勘定科目	残高試算表		整理記入		損益計算書		貸借対照表	
	借方	貸方	借方	貸方	借方	貸方	借方	貸方
現金	352000			(4) 22000			330000	
当座預金	498000						498000	
受取手形	591000						591000	
完成工事未収入金	819000						819000	
貸倒引当金		22400		(3) 19900				42300
有価証券	254000			(2) 21000			233000	
未成工事支出金	458000		(6) 2804000	(6) 2699000			563000	
材料	483000						483000	
貸付金	500000						500000	
機械装置	762000						762000	
機械装置減価償却累計額		246000		(1) 98000				344000
備品	468000						468000	
備品減価償却累計額		84000		(1) 22000				106000
支払手形		794000						794000
工事未払金		433000						433000
借入金		398000						398000
未成工事受入金		199000						199000
資本金		2500000						2500000
完成工事高		3684000				3684000		
受取利息		9800				9800		
材料費	994000			(6) 994000				
労務費	659000			(6) 659000				
外注費	556000			(6) 556000				
経費	497000		(1) 98000	(6) 595000				
支払家賃	159000			(5) 9400	149600			
支払利息	13200				13200			
その他の費用	307000				307000			
	8370200	8370200						
完成工事原価			(6) 2699000		2699000			
貸倒引当金繰入額			(3) 19900		19900			
減価償却費			(1) 22000		22000			
雑損失			(4) 22000		22000			
有価証券評価損			(2) 21000		21000			
前払家賃			(5) 9400				9400	
			5695300	5695300	3253700	3693800	5256400	4816300
当期（純利益）					440100			440100
					3693800	3693800	5256400	5256400

2級

問題

〔第1問〕 次の各取引について仕訳を示しなさい。使用する勘定科目は下記の<勘定科目群>から選び、その記号（A～Y）と勘定科目を書くこと。なお、解答は次に掲げた（例）に対する解答例にならって記入しなさい。 （20点）

（例） 現金¥100,000を当座預金に預け入れた。

(1) 前期末において、A社に対する完成工事未収入金¥480,000に対して50％の貸倒引当金を設定していたが、当期において全額回収できないことが確定した。

(2) 前期に請負金額¥9,200,000の工事（工期は3年）を受注し、成果の確実性が見込まれるために前期から工事進行基準を適用している。当該工事の工事原価総額の見積額は¥8,000,000であり、発生した工事原価は前期が¥1,440,000で、当期が¥4,320,000であり、工事原価は未成工事支出金で処理している。当期において得意先との交渉により、請負金額を¥200,000増額することができた。なお着手前の受入金は¥3,000,000であった。当期の完成工事高及び完成工事原価に関する仕訳を示しなさい。

(3) 決算において、消費税の納付額が確定した。なお、期末の消費税仮払分の残高は¥265,000であり、仮受分の残高は¥281,000であった。

(4) 期首に償還期限3年の社債を発行した。社債発行に係る費用¥300,000については小切手を振り出して支払ったが、同支出額は繰延経理することとした。社債発行時及び当期の決算における社債発行費に係る仕訳を示しなさい。

(5) 本社建物の補修工事を行い、その代金¥485,600について約束手形を振り出して支払った。この代金のうち¥375,000は資本的支出と認め、残りを収益的支出として処理した。

<勘定科目群>

A 現金	B 当座預金	C 仮払消費税	D 完成工事未収入金
E 支払手形	F 有価証券	G 建物	H 未成工事支出金
J 仮受消費税	K 工事未払金	L 未成工事受入金	M 貸倒引当金
N 未払消費税	Q 完成工事高	R 完成工事原価	S 修繕費
T 社債発行費償却	U 貸倒損失	W 営業外支払手形	X 貸倒引当金戻入
Y 社債発行費			

解答＆解説

仕訳　記号（A～Y）も必ず記入のこと

No.	借方 記号	借方 勘定科目	借方 金額	貸方 記号	貸方 勘定科目	貸方 金額
(例)	B	当座預金	100000	A	現金	100000
(1)	M	貸倒引当金	240000	D	完成工事未収入金	480000
	U	貸倒損失	240000			
(2)	R	完成工事原価	4320000	H	未成工事支出金	4320000
	L	未成工事受入金	1344000	Q	完成工事高	5112000
	D	完成工事未収入金	3768000			
(3)	J	仮受消費税	281000	C	仮払消費税	265000
				N	未払消費税	16000
(4)	Y	社債発行費	300000	B	当座預金	300000
	T	社債発行費償却	100000	Y	社債発行費	100000
(5)	G	建物	375000	W	営業外支払手形	485600
	S	修繕費	110600			

(1) 貸倒引当金の残高を超えて貸倒れが発生した場合には，超える部分の金額は「貸倒損失」勘定で処理される。

(2) 前期においては，次のとおり完成工事高を計上している。

(借)未成工事受入金	1,656,000	(貸)完成工事高	1,656,000

$$¥9,200,000 \times \frac{¥1,440,000}{¥8,000,000} = ¥1,656,000$$

この処理により，当期に繰り越された「未成工事受入金」勘定は¥1,344,000であることが判明する。

また，当期の完成工事高は次のとおりである。

$$¥9,400,000 \times \frac{¥1,440,000 + ¥4,320,000}{¥8,000,000} - ¥1,656,000 = ¥5,112,000$$

当期に発生した工事原価は，「未成工事支出金」勘定から「完成工事原価」勘定へ振り替えられる。

(3) 仮受消費税と仮払消費税を比較し，仮受消費税が多ければ，これと仮払消費税との差額が納付すべき消費税額（未払消費税）となり，仮払消費税が多ければ，これと仮受消費税との差額が還付される消費税額（未収消費税）となる。

(4) 社債発行費は，発生した期の費用として処理する方法と，繰延資産として計上する方法が認められている。繰延資産として計上した場合には，社債の償還までの期間において定額法により償却していく。

(5) 固定資産の修理，改良等のための支出には，資本的支出と収益的支出とがある。資本的支出は，固定資産の価値を高めることとなる支出や，固定資産の耐久性を増すこととなる支出であり，具体的な固定資産の勘定（本問の場合には「建物」勘定）で処理される。これに対し，固定資産の通常の維持管理のための支出や，毀損した固定資産の原状を回復するための支出が収益的支出であり，修繕費など費用の勘定で処理される。

また，固定資産の補修に際して振り出した約束手形は，通常の営業取引以外から発生した債務であるので，「営業外支払手形」勘定で処理される。

問題

〔第2問〕　次の［　　］に入る正しい金額を計算しなさい。　(12点)

(1)　平成23年4月1日（期首）から、取得価額が¥2,000,000で、残存価額が¥100,000である耐用年数10年の機械装置を定額法で償却してきたが、平成30年3月31日（期末）に¥700,000で売却処分した場合、その売却益は¥［　　］である。

(2)　甲材料の期首残高は¥458,000であり、当期の取引は以下のとおりである。

仕入高　¥3,875,000　　仕入割引　¥35,000　　仕入値引　¥85,000　　仕入割戻　¥92,500

期末の実地棚卸高が¥386,000で、異常な原因による棚卸減耗損が¥92,000であれば、当期の工事原価となる甲材料の消費による材料費は¥［　　］である。

(3)　会社設立に当たり、授権株式数を2,000株とし、1株当たりの払込金額を¥15,000とした。発行株式数は会社法が定める必要最低限とし、全額を資本金に組み入れた場合、資本金の額は¥［　　］である。

(4)　本店における支店勘定は期首に¥56,000の借方残高であった。期中に、本店から支店に備品¥47,000を発送し、支店から本店に¥23,000の送金があり、支店が負担すべき交際費¥12,000を本店が立替払いしたとすれば、本店の支店勘定は期末に¥［　　］の借方残高となる。

解答＆解説

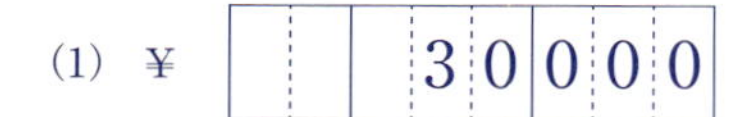
(1) ¥ 30000

(2) ¥ 3677500

(3) ¥ 7500000

(4) ¥ 92000

(1)　固定資産売却益

機械装置の1年間の減価償却費は次のとおりである。

$$\frac{¥2,000,000-¥100,000}{10}=¥190,000$$

売却までに7年間の減価償却をしているので，売却時の減価償却累計額は¥1,330,000（＝¥190,000×7）であり，資産の簿価は¥670,000（＝¥2,000,000－¥1,330,000）である。

売却益：¥700,000（売価）－¥670,000（簿価）＝¥30,000

(2)　材料費

期首残高¥458,000＋当期仕入高¥3,697,500（＝¥3,875,000－¥85,000－¥92,500）

－期末帳簿棚卸高¥478,000（＝¥386,000＋¥92,000）＝当期材料費¥3,677,500

仕入値引および仕入割戻については，材料の取得原価から控除し，仕入割引は営業外収益として処理される。また，異常な原因による棚卸減耗損は，営業外費用または特別損失として処理される。

(3) 資本金

授権株式数とは会社が発行することができる株式の総数（発行可能株式総数）であり，定款で定められる。

設立時に発行すべき株式の総数は，公開会社の場合には発行可能株式総数の1/4を下回ることができない（会社法第37条第3項）が，公開会社でない場合にはこの規定は適用されない。

なお，発起人は，会社の設立に際し株式を1株以上引き受け，引受後遅滞なく，その出資に係る金銭の全額を払い込まなければならない（会社法第25条第2項，第34条第1項）ため，公開会社でない場合には最低1株の発行が必要となる。

・公開会社の場合　　500×¥15,000＝¥7,500,000

※　500株＝2,000株×$\frac{1}{4}$（設立時発行最低株式数）

・公開会社でない場合　1×¥15,000＝¥15,000

(4) 本支店会計

3つの取引についての本支店の仕訳は，以下のとおりである。

・備品の発送

本店	（借方）支店	47,000	（貸方）備品	47,000
支店	（借方）備品	47,000	（貸方）本店	47,000

・送金

本店	（借方）現金	23,000	（貸方）支店	23,000
支店	（借方）本店	23,000	（貸方）現金	23,000

・交際費の支払い

本店	（借方）支店	12,000	（貸方）現金	12,000
支店	（借方）交際費	12,000	（貸方）本店	12,000

本店における支店勘定は，次のとおりとなる。

支店

期首残高	56,000		23,000
	47,000		
	12,000		

問題

〔第3問〕 現場技術者に対する従業員給料手当等の人件費（工事間接費）に関する次の<資料>に基づいて、下記の問に解答しなさい。（14点）

<資料>

⑴ 当会計期間（平成29年4月1日～平成30年3月31日）の人件費予算額

①従業員給料手当	¥45,630,000
②法定福利費	¥5,486,000
③福利厚生費	¥2,740,000

⑵ 当会計期間の現場管理延べ予定作業時間　15,300時間

⑶ 当月（平成30年3月）の工事現場別実際作業時間

No.1701工事	225時間
その他の工事	1,050時間

⑷ 当月の人件費実際発生額　総額　¥4,520,000

問1 当会計期間の人件費予定配賦率を計算しなさい。なお、計算過程において端数が生じた場合は、円未満を四捨五入すること。

問2 当月のNo.1701工事への人件費予定配賦額を計算しなさい。

問3 当月の人件費に関する配賦差異を計算しなさい。なお、配賦差異については、借方差異の場合は「A」、貸方差異の場合は「B」を解答用紙の所定の欄に記入しなさい。

解答＆解説

問1

¥ 3520

問2

¥ 792000

問3

¥ 32000　記号（AまたはB） A

問1

$$\frac{¥45,630,000 + ¥5,486,000 + ¥2,740,000}{15,300} = ¥3,520$$

問2

225×¥3,520＝¥792,000

問3

実際発生額	¥4,520,000
予定配賦額	(225＋1,050)×¥3,520＝¥4,488,000
配賦差異	¥4,520,000－¥4,488,000＝¥32,000（不利差異＝借方差異）

問題

〔第４問〕　以下の問に解答しなさい。　(24点)

問１　次の文章は、下記の<工事原価計算の種類>のいずれと最も関係の深い事柄か、記号（A～E）で解答しなさい。

1．給付計算としての原価計算を、工事原価に販売費や一般管理費などの営業費まで含めて行うものである。
2．建設資材を量産している企業では、一定期間に発生した原価をそれに応じた生産量で割って製品の単位原価を計算する。
3．建設業では、工事原価を材料費、労務費、外注費、経費に区分して原価を計算し、これにより制度的な財務諸表を作成している。
4．個々の原価計算対象に係る直接原価を集計し、次に、原価計算対象に共通的に発生する間接原価を配賦する原価計算方法である。建設会社が請負う工事については、一般的にこの原価計算方法が採用される。

<工事原価計算の種類>
A　総合原価計算　　B　形態別原価計算　　C　個別原価計算　　D　工種別原価計算　　E総原価計算

問２　次の<資料>に基づき、解答用紙の部門費振替表を完成しなさい。
<資料>
1．補助部門費の配賦方法
　請負工事について、第１工事部、第２工事部及び第３工事部で施工している。また、共通して補助的なサービスを提供している機械部門、車両部門及び材料管理部門が独立して各々の原価管理を実施し、発生した補助部門費についてはサービス提供度合に基づいて、直接配賦法により施工部門に配賦している。
2．補助部門費を配賦する前の各部門の原価発生額は次のとおりである。

(単位：円)

第１工事部	第２工事部	第３工事部	機械部門	車両部門	材料管理部門
1,528,000	1,185,000	845,000	?	32,000	45,000

3．各補助部門の各工事部へのサービス提供度合は次のとおりである。

(単位：%)

	第１工事部	第２工事部	第３工事部	合計
機械部門	45	33	22	100
車両部門	50	38	12	100
材料管理部門	40	?	?	100

解答＆解説

問1

記号（A～E）

1	2	3	4
E	A	B	C

問2

部門費振替表 （単位：円）

摘　要	合　計	第1工事部	第2工事部	第3工事部	機械部門	車両部門	材料管理部門
部門費合計	3558000	1528000	1185000	845000	105000	32000	45000
機械部門費	105000	47250	34650	23100			
車両部門費	32000	16000	12160	3840			
材料管理部門費	45000	18000	14400	12600			
合　計	3740000	1609250	1246210	884540			

問1

1　建設業における製品原価（プロダクト・コスト）である工事原価だけでなく，これに加えて販売費及び一般管理費を期間原価（ピリオド・コスト）として認識しながら行う原価計算を「総原価計算」という。

2　同一の製品を大量生産する企業では，製品原価総額を集計し，それを生産量で除して単位原価を計算していく「総合原価計算」が用いられる。

3　建設業では，完成工事原価報告書において，実際に発生した原価をその発生形態に応じて材料費・労務費・外注費・経費に分類して開示する必要があり，これは「形態別原価計算」である。

4　受注生産型の企業では，個々の受注単位に対して原価を集計・計算していく「個別原価計算」が用いられる。

問2

・機械部門費の配賦

機械部門費の金額：第2工事部門へのサービス提供割合が33％かつ配賦額が￥34,650であることから，￥105,000（34,650＝？×33％）であることが判明する。

第1工事部門：105,000×45％＝￥47,250

第2工事部門：105,000×33％＝￥34,650

第3工事部門：105,000×22％＝￥23,100

・車両部門費の配賦

第1工事部門：32,000×50％＝￥16,000

第2工事部門：32,000×38％＝￥12,160

第3工事部門：32,000×12％＝￥ 3,840

・材料管理部門費の配賦

第2工事部門および第3工事部門へのサービス提供割合：補助部門費の配賦後の第2工事部門の原価集計額が￥1,246,210であることから，第2工事部門への配賦額が￥14,400（1,246,210＝1,185,000＋34,650＋12,160＋？）であることが判明する。これにより第2工事部門へのサービス提供割合は32％（14,400＝45,000×？），第3工事部門へのサービス提供割合は28％（100％＝40％＋32％＋？）であることが判明する。

第1工事部門：45,000×40％＝￥18,000

第2工事部門：45,000×32％＝￥14,400

第3工事部門：45,000×28％＝￥12,600

問題

〔第5問〕 次の<決算整理事項等>に基づき、解答用紙の精算表を完成しなさい。なお、工事原価は未成工事支出金を経由して処理する方法によっている。会計期間は1年である。また、決算整理の過程で新たに生じる勘定科目で、精算表上に指定されている科目はそこに記入すること。 (30点)

<決算整理事項等>

(1) 当座預金の期末残高証明書を入手したところ、期末帳簿残高と差異があった。差額原因を調査したところ以下の内容であった。
　① 電話代¥2,000が引き落とされていたが、その通知は当社に未着であった。
　② 工事の中間金¥10,000が月末に振り込まれていたが、発注者より連絡がなかったため、当社で未記帳であった。

(2) 仮払金は、以下の内容であった。
　① ¥12,000は保険料の1年分である。なお、期末時で11か月分が前払である。
　② ¥93,000は法人税等の中間納付額である。

(3) 貸倒引当金については、売上債権の期末残高の2％を計上する。(差額補充法)

(4) 建設仮勘定¥25,000のうち¥15,000は工事用機械の購入に係るものであり、引き渡しを受けたので適切な勘定に振り替える。ただし、同機械は翌期首から使用するものである。

(5) 減価償却については、以下のとおりである。
　① 機械装置（工事現場用）　実際発生額　¥14,600
　なお、月次原価計算において、月額¥1,200を未成工事支出金に予定計上している。当期の予定計上額と実際発生額との差額は当期の工事原価（未成工事支出金）に加減する。
　② 備品（本社用）　以下の事項により減価償却費を計上する。
　取得原価¥64,000　残存価額　ゼロ　耐用年数　8年　償却率　0.250　減価償却方法　定率法

(6) 外注工事費¥7,500が記入漏れであった。なお、期末時点でその代金は未払いである。

(7) 退職給付引当金の当期繰入額は、管理部門¥7,900、施工部門¥15,000である。なお、施工部門の退職給付引当金については、月次原価計算において、月額¥1,300を未成工事支出金に予定計上しており、当期の予定計上額と実際発生額との差額は当期の工事原価（未成工事支出金）に加減する。

(8) 完成工事高に対して0.1％の完成工事補償引当金を計上する。(差額補充法)

(9) 上記の各調整を行った後の未成工事支出金の次期繰越額は¥956,600である。

(10) 当期の法人税、住民税及び事業税として税引前当期純利益の40％を計上する。

解答＆解説

2級－3

精　算　表

（単位：円）

勘定科目	残高試算表		整理記入		損益計算書		貸借対照表	
	借方	貸方	借方	貸方	借方	貸方	借方	貸方
現金	7500						7500	
当座預金	87000		(1)② 10000	(1)① 2000			95000	
受取手形	375000						375000	
完成工事未収入金	745000						745000	
貸倒引当金		27100	(3) 4700					22400
未成工事支出金	952000		(5)① 200 (6) 7500	(7) 600 (8) 500 (9) 2000			956600	
材料貯蔵品	45000						45000	
仮払金	105000			(2)① 12000 (10) 93000				
機械装置	166000		(4) 15000				181000	
機械装置減価償却累計額		104000		(5)① 200				104200
備品	64000						64000	
備品減価償却累計額		28000		(5)② 9000				37000
建設仮勘定	25000			(4) 15000			10000	
支払手形		352400						352400
工事未払金		296600		(6) 7500				304100
借入金		645800						645800
未成工事受入金		425000		(1)② 10000				435000
完成工事補償引当金		3400	(8) 500					2900
退職給付引当金		215000	(7) 600	(7) 7900				222300
資本金		150000						150000
繰越利益剰余金		45000						45000
完成工事高		2900000				2900000		
完成工事原価	2328000		(9) 2000		2330000			
販売費及び一般管理費	281000		(2)① 1000 (5)② 9000 (7) 7900		298900			
受取利息配当金		3100				3100		
支払利息	14900				14900			
	5195400	5195400						
前払費用			(2)① 11000				11000	
通信費			(1)① 2000		2000			
貸倒引当金戻入額				(3) 4700		4700		
未払法人税等				(10) 11800				11800
法人税、住民税及び事業税			(10) 104800		104800			
			176200	176200	2750600	2907800	2490100	2332900
当期（純利益）					157200			157200
					2907800	2907800	2490100	2490100

決算整理仕訳

(1)①(借)通信費　2,000　(貸)当座預金　2,000
　②(借)当座預金　10,000　(貸)未成工事受入金　10,000

(2)①(借)販売費及び一般管理費　1,000　(貸)仮払金　12,000
　　　前払費用　11,000

※　$12,000 \times \frac{11}{12} = 11,000$

②　法人税等の中間納付額については，⑽で処理する。

(3)(借)貸倒引当金　4,700　(貸)貸倒引当金戻入額　4,700

※　(375,000＋745,000)×２％－27,100＝▲4,700　←　戻入れが必要

(4)(借)機械装置　15,000　(貸)建設仮勘定　15,000

※　翌期首より使用するため，当期の減価償却は行わない。

(5)①(借)未成工事支出金　200　(貸)機械装置減価償却累計額　200

※　実際発生額14,600－予定計上額1,200×12月＝200（配賦不足）

②(借)販売費及び一般管理費　9,000　(貸)備品減価償却累計額　9,000

※　(64,000－28,000)×0.250＝9,000

(6)(借)未成工事支出金　7,500　(貸)工事未払金　7,500

(7)(借)販売費及び一般管理費　7,900　(貸)退職給付引当金　7,900
　(借)退職給付引当金　600　(貸)未成工事支出金　600

※　実際発生額15,000－予定計上額1,300×12月＝▲600（配賦超過）

(8)(借)完成工事補償引当金　500　(貸)未成工事支出金　500

※　2,900,000×0.1％－3,400＝▲500

(9)(借)完成工事原価　2,000　(貸)未成工事支出金　2,000

※　952,000(決算整理前残高)＋200(5①)＋7,500(6)－600(7)
－500(8)－X(完成工事原価勘定への振替額)＝956,600(次期繰越額)
X＝2,000

⑽(借)法人税，住民税及び事業税　104,800　(貸)仮払金　93,000
未払法人税等　11,800

※　収益合計：完成工事高(2,900,000)＋受取利息配当金(3,100)
＋貸倒引当金戻入額(4,700)＝2,907,800
費用合計：完成工事原価(2,328,000＋2,000)＋販売費及び一般管理費(281,000
＋1,000＋9,000＋7,900)＋支払利息(14,900)＋通信費(2,000)
＝2,645,800
税引前当期純利益：2,907,800－2,645,800＝262,000
法人税等＝262,000×40％＝104,800

1級 原価計算

問題

〔第１問〕　次の問に対して、それぞれ250字以内で解答しなさい。　（20点）

問１　経費の４つの把握方法について説明しなさい。

問２　建設業原価計算における直接工事費と工事直接費の相違について説明しなさい。

解答＆解説

問１

経費の把握方法には、①支払経費、②月割経費、③測定経費および④発生経費があげられる。①支払経費とは、支払の事実に基づいてその発生額を測定する費目をいう。②月割経費とは、１事業年度あるいは１年といった比較的長い期間の全体についてその発生額が測定されるとき、これを通常の原価計算期間である１か月に割り当てられた費目をいう。③測定経費とは、原価計算期間における消費額を備え付けの計器類によって測定された費目をいう。④発生経費とは、原価計算期間中の発生額をもってしか、その消費分を測定できない費目をいう。

問 2

直接工事費とは、工事に直接必要な費用のことである。
直接工事費の概念は、積算や見積等の事前原価計算にお
いて使用されることが多く、直接的な作業内容による原
価を意味する。これに対し、工事直接費とは、個別の番
号を付した工事の原価として明確に把握できるものであ
る。つまり、工事直接費は、原価計算の計算対象である
建設工事物との関連性分類における概念である。したが
って、直接工事費の直接性は「作業内容」についてのも
のであり、工事直接費の直接性は「原価計算処理上のも
の」である点において、両者は本質的に相違する。

問 1

①支払経費

支払の事実に基づいて，その発生額を測定する費目を「支払経費」という。運賃，通信費，旅費交通費，接待交際費，消耗品費等が，支払経費に該当する。建設業固有の費目では，機械等経費の中で外部業者への修繕費や，設計費の中で外部設計料等が，この支払経費に属することになる。

②月割経費

1事業年度あるいは1年といった比較的長い期間の全体についてその発生額が測定される場合には，これを通常の原価計算期間である1か月に割り当てなければならない。このような経費を「月割経費」という。たとえば，減価償却費はその典型であり，その他には年払いの保険料や，固定資産税等の租税公課，賃借料等もこれに該当することが多い。

③測定経費

一般の製造業でいう「測定経費」とは，原価計算期間における消費額を備え付けの計器類によって測定し，それを基礎にしてその期間の経費額を決定するものをいう。たとえば，電力料，ガス代，水道料金等がこれに属する。

④発生経費

原価計算期間中の発生額をもってしか，その消費分を測定できないものを「発生経費」という。たとえば，在庫が保管中にいろいろな理由によって減耗した場合，この価値減少部である棚卸減耗費が典型である。

問2

直接工事費の概念は，積算や見積等の事前原価計算において使用されることが多いもので，純工事費のうち，共通仮設費を除いた工事費の中心部分であることを意味する。直接工事費は，一般的に，工事の種類により各工事部門を工種，種別，細別および名称等に区分し，それぞれの区分ごとに材料費，労務費及び直接経費の３要素について積算される。なお，建設工事について，請負者が注文者に提出する工事費は，一般的に次のような構成になっている。

工事費＝工事原価＋一般管理費等
↑
工事原価＝純工事費＋現場経費
↑
純工事費＝直接工事費＋共通仮設費

原価は，最終的には，生産物別の原価を算定する必要があるから，その最終生産物の生成に関して，直接的に認識されるか否かの基準によって，直接費と間接費に分類される。このことを「計算対象との関連性分類」という。一般製造業では，製品との関連によって，製造直接費と製造間接費と呼んでいる。一方，建設業では，最終生産物が工事（現場）であることから，工事直接費と工事間接費（または「現場個別費と現場共通費」と呼ぶこともある）と呼んでいる。

直接工事費の直接性は「作業内容」についてのものであり，工事直接費の直接性は「原価計算処理上のもの」である点において，両者は本質的に相違する。

問題

〔第２問〕 次の各文章は、わが国の原価計算基準または建設業法施行規則に照らして正しいか否か。正しい場合は「A」、正しくない場合は「B」を解答用紙の所定の欄に記入しなさい。 (10点)

1. 個別原価計算における間接費は、原則として、実際配賦率をもって各指図書に配賦する。
2. 作業くずが発生する場合、その見積販売価額等の評価額を発生部門の部門費または当該工事の工事原価から控除する。
3. 予定価格等が不適切なため比較的多額の原価差異が発生したとき、個別原価計算の場合には、これを当該年度の売上原価と棚卸資産に指図書別または科目別に配賦する。
4. 材料貯蔵品とは、手持ちの工事用材料、消耗工具器具等および事務用消耗品等のうち、未成工事支出金、完成工事原価または販売費及び一般管理費として処理されなかったものをいう。
5. 補助部門費の施工部門への配賦方法のうち、補助部門間のサービスの授受を計算上すべて無視する方法を階梯式配賦法という。

解答＆解説

記号（AまたはB）

1	2	3	4	5
B	A	A	A	B

1：B　個別原価計算における間接費は，原則として部門間接費として各指図書に配賦する（原価計算基準33(一))。

2：A　個別原価計算において，作業くずは，これを総合原価計算の場合に準じて評価し，その発生部門の部門費から控除する。ただし，必要がある場合には，これを当該製造指図書の直接材料費又は製造原価から控除することができる（原価計算基準36)。

3：A　予定価格等が不適当なため，比較的多額の原価差異が生ずる場合，直接材料費，直接労務費，直接経費及び製造間接費に関する原価差異の処理は，次の方法による（原価計算基準47(一)3)。

(1)個別原価計算の場合次の方法のいずれかによる。

イ　当年度の売上原価と期末におけるたな卸資産に指図書別に配賦する。

ロ　当年度の売上原価と期末におけるたな卸資産に科目別に配賦する。

4：A　材料貯蔵品（建設業法施行規則)：
手持ちの工事用材料及び消耗工具器具等並びに事務用消耗品等のうち未成工事支出金，完成工事原価又は販売費及び一般管理費として処理されなかったもの

5：B　補助部門費の施工部門への配賦方法のうち，補助部門間のサービスの授受を計算上すべて無視する方法は，「階梯式配賦法」ではなく，「直接配賦法」である。

問題

〔第3問〕　宮崎土建株式会社の大型クレーンXに関する損料計算用の<資料>は次のとおりである。下の問に解答しなさい。なお、計算の過程で端数が生じた場合は、各問の解答を求める際に円未満を四捨五入すること。　(14点)

<資料>

1．大型クレーンXは本年度期首において¥31,680,000（基礎価格）で購入したものである。
2．耐用年数8年、残存価額ゼロ、減価償却方法は定額法を採用する。
3．大型クレーンXの標準使用度合は次のとおりである。
　年間運転時間　1,000時間　年間供用日数　220日
4．年間の管理費予算は、基礎価格の8％である。
5．修繕費予算は、定期修繕と故障修繕があるため、次のように設定する。損料計算における修繕費率は、各年平均化するものとして計算する。
　修繕費予算1～4年度　各年度　¥2,000,000
　　　　　　5～8年度　各年度　¥2,400,000
6．初年度2月次における大型クレーンXの現場別使用実績は次のとおりである。

	供用日数	運転時間
甲現場	3日	14時間
乙現場	14日	62時間
その他の現場	2日	8時間

7．初年度2月次の実績額は次のとおりである。
　管理費　¥220,700　修繕費　¥395,500　減価償却費　月割計算

問1　大型クレーンXの運転1時間当たり損料と供用1日当たり損料を計算しなさい。ただし、減価償却費については、両損料の算定に当たって年当たり減価償却費の半額ずつをそれぞれ組み入れている。

問2　問1の損料を予定配賦率として利用し、甲現場と乙現場への配賦額を計算しなさい。

問3　初年度2月次における大型クレーンXの損料差異を計算しなさい。なお、有利差異の場合は「A」、不利差異の場合は「B」を解答用紙の所定の欄に記入すること。

解答＆解説

問1

運転1時間当たり損料　¥ 4180

供用1日当たり損料　¥ 20520

問2

甲現場への配賦額　¥ 120080

乙現場への配賦額　¥ 546440

問3

¥ 205200　　記号（AまたはB）　B

大型クレーンのような建設機械の損料計算は，仮設材料とは異なり，その原価要素を変動費と固定費とに区分し，損料計算を行っていく。変動費負担的な性格をもった使用率として「運転１時間当たり損料」を，固定費回収的な性格をもった使用率として「供用１日当たり損料」を求める。損料計算の対象となる機械経費の変動費・固定費の分解は，次のようになっている。

機械経費	修　繕　費	修　繕　費	運転１時間当たり損料（変動費）
	減価償却費	減価償却費×50%	
		減価償却費×50%	供用１日当たり損料（固定費）
	管　理　費	管　理　費	

問１

〈運転１時間当たり損料（変動費）〉

①　修繕費平均（年額）＝{(¥2, 000, 000×４年)＋(¥2, 400, 000×４年)}÷８年
＝¥2, 200, 000

②　１年間の減価償却費＝(¥31, 680, 000－¥０)÷８年＝¥3, 960, 000

③　運転１時間当たり損料＝(①¥2, 200, 000＋②3, 960, 000×50%)×$\frac{1}{1,000時間}$

＝@¥4, 180

〈供用１日当たり損料（固定費）〉

④　管理費予算（年額）＝¥31, 680, 000×８％＝¥2, 534, 400

⑤　１年間の減価償却費＝(¥31, 680, 000－¥０)÷８年＝¥3, 960, 000

⑥　供用１日当たり損料＝(④¥2, 534, 400＋⑤¥3, 960, 000×50%)×$\frac{1}{220日}$

＝@¥20, 520

問２

〈甲現場への配賦額〉

①　運転１時間当たり損料＝@¥4, 180×14時間＝¥58, 520

②　供用１日当たり損料＝@¥20, 520×３日＝¥61, 560

合　計：¥120, 080

〈乙現場への配賦額〉

③　運転１時間当たり損料＝@¥4, 180×62時間＝¥259, 160

④　供用１日当たり損料＝@¥20, 520×14日＝¥287, 280

合　計：¥546, 440

問３

①　予定配賦額＝@¥4,180×（14時間＋62時間＋８時間）＋@¥20,520
×（３日＋14日＋２日）＝¥351,120＋¥389,880＝¥741,000

②　初年度２月次の損料差異＝①予定配賦額¥741,000－実際発生額（¥220,700＋¥395,500
＋¥3,960,000÷12か月）＝△¥205,200（不利差異）

問題

〔第４問〕　岡山建材工業株式会社では、10台の同一機械を使って１種類の製品を作っている。次の＜資料＞に基づいて、下の問に解答しなさい。（16点）

＜資料＞

1．直接作業者の１ヵ月の勤務時間は200時間（うち正規時間160時間、残業時間40時間）まで可能であるが、機械設備の定期保全と故障修理に毎月17時間必要であり、作業の段取りなどに毎月23時間要しているので、正味の機械運転時間（実働時間）は月間160時間である。

2．製品の生産能力は機械運転時間（実働時間）によって制約されている。月間の生産量は、フル操業のとき（実働160時間）で80,000単位になるが、そのうち10％が不良品になって廃棄されている。

3．フル操業の月の製品１単位当たりの売価とコストは次のように計算されている。

売　　価	¥3,000
材　料　費	¥　900
変動加工費	¥　300
直接労務費	¥　420
固定諸経費	¥　500

直接労務費は、正規時間については月給制（月間総額¥25,600,000）であるが、残業時間にはその25％増しの残業手当が支払われる。表中の直接労務費と固定諸経費は、月間総額を80,000単位で割った値である。変動加工費は実働時間に比例する。

問１　当社は好況のため、フル操業しても追いつかないほどの需要がある。このとき、次のような改善ができたとすると、その経済的効果は月間いくらになるかを計算しなさい。ただし、各改善は単独でなされるものと仮定しなさい。

⑴　不良品の数を現状より１割減らすことができる（不良率が９％になる）場合の経済的効果

⑵　保全・修理・段取りなどの時間（現状で40時間）を１割減らすことができる場合の経済的効果

⑶　設計の工夫により、材料の消費量を１割減らすことができる場合の経済的効果

問２　当社は不況のため、需要が月間54,000単位に落ちたので残業する必要がなくなった。直接作業者の数を減らすことはできない。この条件のもとで問１の⑶の改善がなされたとすると、その経済的効果は月間いくらになるかを計算しなさい。

解答＆解説

問１

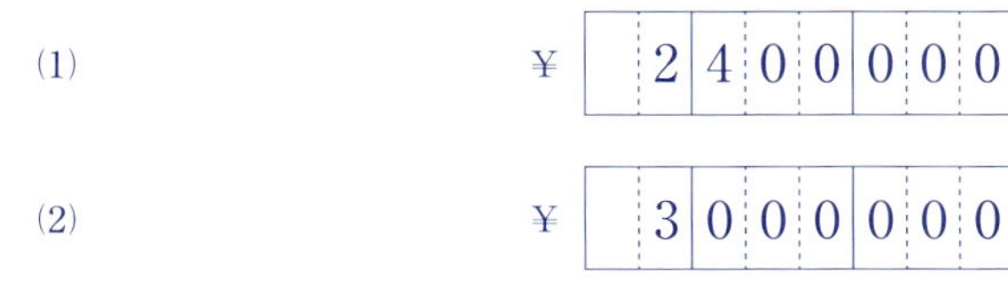

(3) ¥ 7200000

問２

¥ 5400000

問１

(1) 不良率が１％改善することにより，販売量が800単位（＝80,000単位×１％）増加する。その結果，売上高が¥2,400,000（＝@¥3,000×800単位）増加することになる。しかし，不良率が改善されたからといって，原価の増減額はないため，原価そのものは埋没原価となる。したがって，不良率が１％改善される経済的効果は，売上高の増加額¥2,400,000となる。

(2) フル操業の場合，160時間の実働時間で80,000単位生産しているため，１時間当たりの生産量は500単位だと算出できる。一方，保全・修理・段取りなどの時間が１割削減されることで，実働時間が４時間（＝40時間×10％）増加する。その結果，生産量が2,000個（＝500単位／時間×４時間）増加することになる。ただし，このうち10％が不良品になって廃棄されるので，売上高は¥5,400,000（＝@¥3,000×2,000単位×90％）増加する。

これに伴い，１単位当たり材料費@¥900と変動加工費¥300が発生する。直接労務費と固定諸経費は，保全・修理・段取りなどの時間が削減されても原価の増減額はないため，埋没原価となる。

売上高（@¥3,000×2,000単位×90％）	¥5,400,000
材料費（@¥900×2,000単位）	△¥1,800,000
変動加工費（@¥300×2,000単位）	△¥600,000
経済的効果	¥3,000,000

(3) 材料費の消費額は，¥72,000,000（＝@¥900×80,000単位）である。その消費量を1割減らすことができる場合の経済的効果は，月間¥7,200,000（＝¥72,000,000×10%）と算出される。

問2

需要の月間54,000単位は，不良率10%を考慮後の生産量である。その需要を満たすためには，月間60,000単位（＝54,000単位÷90%）の生産活動が必要となる。そうなると，材料費の消費額は，¥54,000,000（＝@¥900×60,000単位）になる。その消費量を1割減らすことができる場合の経済的効果は，月間¥5,400,000（＝¥54,000,000×10%）と算出される。

問題

〔第5問〕 下記の＜資料＞は、鹿児島建設工業株式会社（当会計期間：平成×8年4月1日～平成×9年3月31日）における平成×8年9月の工事原価計算関係資料である。次の問に解答しなさい。月次で発生する原価差異は、そのまま翌月に繰り越す処理をしている。なお、計算の過程で端数が生じた場合は、円未満を四捨五入すること。（40点）

問1 工事完成基準を採用して平成×8年9月の完成工事原価報告書を作成しなさい。

問2 平成×8年9月末における未成工事支出金の勘定残高を計算しなさい。

問3 次の配賦差異について当月末の勘定残高を計算しなさい。なお、それらの差異について、借方残高の場合は「A」、貸方残高の場合は「B」を解答用紙の所定の欄に記入すること。

① 賃率差異　② 重機械部門費予算差異　③ 重機械部門費操業度差異

＜資料＞

1．当月の工事の状況

工事番号	着工	竣工
801	前月以前	当月
802	前月以前	当月
803	当月	月末現在未成
804	当月	当月

2．月初における前月繰越金額

(1) 月初未成工事原価の内訳　（単位：円）

工事番号	材料費	労務費	外注費（労務外注費）	経費（人件費）	合計
801	166,000	109,400	138,990（112,000）	79,400（49,100）	493,790
802	63,900	41,400	63,230（ 30,650）	33,200（24,120）	201,730
計	229,900	150,800	202,220（142,650）	112,600（73,220）	695,520

（注）（　）の数値は、当該費目の内書の金額である。

(2) 配賦差異の残高

賃率差異¥3,400（借方）　重機械部門費予算差異¥2,370（借方）　重機械部門費操業度差異¥900（貸方）

3．当月の材料費に関する資料

(1) X材料は常備材料で、材料元帳を作成して実際消費額を計算している。消費単価の計算について先入先出法を使用している。9月の受払と在庫の状況は次のとおりである。

日付	摘要	単価（円）	数量（本）
9月1日	前月繰越	500	300
4日	購入	520	300
8日	804工事で消費		500
12日	購入	540	300
17日	802工事で消費		300
21日	戻り		50
22日	購入	550	300
24日	803工事で消費		300
30日	次月繰越		150

（注1）13日に12日購入分として、¥1,500の値引を受けた。

（注2）21日の戻りは8日出庫分である。戻りは出庫の取り消しとして処理し、戻り材料は次回の出庫のとき最初に出庫させること。

（注3）棚卸減耗は発生しなかった。

(2) Y材料は仮設工事用の資材で、工事原価への算入はすくい出し法により処理している。当月の工事別関係資料は次のとおりである。

（単位：円）

工事番号	801	802	803	804
当月仮設資材投入額	（注）	39,900	40,400	39,000
仮設工事完了時評価額	11,200	12,300	（仮設工事未了）	28,000

（注）801工事の仮設工事は前月までに完了し、その資材投入額は前月末の未成工事支出金に含まれている。

4．当月の労務費に関する資料

専門工事であるS工事の当月従事時間は次のとおりである。

（単位：時間）

工事番号	801	802	803	804	合計
従事時間	10	18	35	34	97
うち残業時間	2	3	5	5	15

労務費の計算においては、予定経常賃率（1時間当たり¥3,800）を設定して実際の工事従事時間に応じて原価算入している。なお、残業時間については工事別に把握し、その賃金は予定経常賃率の25％増としている。当月の労務費（賃金手当）の実際発生額の関係資料は次のとおりである。

(1) 支払賃金（基本給および基本手当　対象期間8月25日～9月24日）　¥318,000
(2) 残業手当（対象期間9月25日～9月30日）　¥65,000
(3) 前月末未払賃金計上額　¥73,000
(4) 当月末未払賃金要計上額（残業手当を除く）　¥78,000

5．当月の外注費に関する資料

当社の外注工事には、資材購入や重機械工事を含むもの（一般外注）と労務提供を主体とするもの（労務外注）がある。当月の工事別の実際発生額は次のとおりである。

（単位：円）

工事番号	801	802	803	804	合計
一般外注	29,880	97,550	99,600	193,200	420,230
労務外注	19,500	53,400	77,500	144,700	295,100

（注）労務外注費は、完成工事原価報告書においては労務費に含めて記載することとしている。

6．当月の経費に関する資料

(1) 直接経費の内訳　（単位：円）

工事番号	801	802	803	804	合計
労務管理費	2,040	9,100	12,300	21,300	44,740
従業員給料手当	9,670	14,200	18,900	28,900	71,670
法定福利費	1,250	3,300	4,100	7,020	15,670
福利厚生費	3,920	11,900	14,200	19,100	49,120
事務用品費他	1,700	4,440	9,100	22,200	37,440
計	18,580	42,940	58,600	98,520	218,640

（注）経費に含まれる人件費の計算において、退職金および退職給付引当金繰入額は考慮しない。

(2) 役員であるT氏は一般管理業務に携わるとともに、施工管理技術者の資格で施工管理業務も兼務している。役員報酬のうち、担当した当該業務に係る分は、従事時間数により工事原価に算入している。また、工事原価と一般管理費の業務との間には等価係数を設定している。関係資料は次のとおりである。

(a) T氏の当月役員報酬額　¥612,000
(b) 施工管理業務の従事時間　（単位：時間）

工事番号	801	802	803	804	合計
従事時間	―	20	25	35	80

(c) 役員としての一般管理業務は120時間であった。
(d) 業務間の等価係数（業務1時間当たり）は次のとおりである。
　施工管理　1.5　　一般管理　1.0

(3) 重機械部門費の配賦

S工事の労務作業に使用される重機械については、その費用を次の(a)の変動予算方式で計算する予定配賦率によって工事原価に算入している。関係資料は次のとおりである。

(a) 当会計期間において使用されている変動予算の基準数値
　基準操業時間　S労務作業　年間　1,200時間
　変動費率（1時間当たり）¥400　　固定費（年額）¥960,000
(b) 当月の重機械部門費の実際発生額は¥122,500であった。
(c) 月次での許容予算額の計算について、固定費は月割経費とする。固定費から予算差異は生じていない。
(d) 重機械部門費の中に人件費に属するものはない。

(4) その他工事共通の現場管理費（人件費以外の経費）¥97,000が発生した。労務作業従事時間で按分して各工事に配賦する。

解答＆解説

問 1

完成工事原価報告書

自　平成×8年9月1日
至　平成×8年9月30日

鹿児島建設工業株式会社

（単位：円）

Ⅰ．材料費		644300
Ⅱ．労務費		756150
（うち労務外注費	360250）	
Ⅲ．外注費		380200
Ⅳ．経　費		619415
（うち人件費	382855）	
完成工事原価		2400065

問 2

¥ 748475

問 3

① 賃率差異	¥ 8550	記号（AまたはB）	A
② 重機械部門費予算差異	¥ 6070	記号（　同　上　）	A
③ 重機械部門費操業度差異	¥ 1500	記号（　同　上　）	A

問１

原価計算表

（単位：円）

	801工事		802工事		803工事	804工事	合　計
	前月繰越	当月発生	前月繰越	当月発生	当月発生	当月発生	
Ⅰ．材料費							
前月繰越	166,000	―	63,900	―	―	―	229,900
X材料費	―	0	―	159,000	162,000	228,000	549,000
Y材料費	―	△11,200	―	27,600	40,400	11,000	67,800
〔材料費合計〕	〔166,000〕	〔△11,200〕	〔63,900〕	〔186,600〕	〔202,400〕	〔239,000〕	〔846,700〕
Ⅱ．労務費							
前月繰越（労務費）	109,400	―	41,400	―	―	―	150,800
前月繰越（労務外注費）	112,000	―	30,650	―	―	―	142,650
労務費	―	39,900	―	71,250	137,750	133,950	382,850
労務外注費	―	19,500	―	53,400	77,500	144,700	295,100
〔労務費合計〕	〔221,400〕	〔59,400〕	〔72,050〕	〔124,650〕	〔215,250〕	〔278,650〕	〔971,400〕
Ⅲ．外注費							
前月繰越	26,990	―	32,580	―	―	―	59,570
一般外注費	―	29,880	―	97,550	99,600	193,200	420,230
〔外注費合計〕	〔26,990〕	〔29,880〕	〔32,580〕	〔97,550〕	〔99,600〕	〔193,200〕	〔479,800〕
Ⅳ．経費							
前月繰越	79,400	―	33,200	―	―	―	112,600
直接経費合計	―	18,580	―	42,940	58,600	98,520	218,640
T氏役員報酬	―	0	―	76,500	95,625	133,875	306,000
重機械部門費	―	12,000	―	21,600	42,000	40,800	116,400
現場管理費	―	10,000	―	18,000	35,000	34,000	97,000
〔経費合計〕	〔79,400〕	〔40,580〕	〔33,200〕	〔159,040〕	〔231,225〕	〔307,195〕	〔850,640〕
当月完成工事原価	493,790	118,660	201,730	567,840		1,018,045	2,400,065
当月末未成工事原価					748,475		748,475

(1)　材料費〈資料３〉

①X材料費

〈消費額〉　※下図の「材料元帳」を参照

802工事：￥52,000＋￥107,000＝￥159,000

803工事：￥26,000＋￥53,500＋￥82,500＝￥162,000

804工事：￥150,000＋￥104,000－￥26,000＝￥228,000　　合計：￥549,000

〈先入先出法〉　　材料元帳　　(単位：円)

月	日	摘　要	受入 数量	受入 単価	受入 金額	払出 数量	払出 単価	払出 金額	残高 数量	残高 単価	残高 金額
9	1	前月繰越	300	500	150,000				300	500	150,000
	4	購　入	300	520	156,000				300	500	150,000
									300	520	156,000
	8	804工事で消費				300	500	150,000	100	520	52,000
						200	520	104,000			
	12	購　入	300	540	162,000				100	520	52,000
									300	540	162,000
	13	12日購入分の値引			△1,500				100	520	52,000
									300	535	160,500
	17	802工事で消費				100	520	52,000	100	535	53,500
						200	535	107,000			
	21	804工事の戻り				△50	520	△26,000	50	520	26,000
									100	535	53,500
	22	購　入	300	550	165,000				50	520	26,000
									100	535	53,500
									300	550	165,000
	24	803工事で消費				50	520	26,000	150	550	82,500
						100	535	53,500			
						150	550	82,500			
	30	次月繰越				150	550	82,500			
			1,200	—	631,500	1,200	—	631,500			

②Y材料費（すくい出し法）

801工事：△￥11,200

802工事：￥39,900－￥12,300＝￥27,600

803工事：￥40,400

804工事：￥39,000－￥28,000＝￥11,000　　合計：￥67,800

(2)　労務費〈資料４〉

801工事：@￥3,800×８時間＋@￥3,800×２時間×125％＝￥39,900

802工事：@￥3,800×15時間＋@￥3,800×３時間×125％＝￥71,250

803工事：@￥3,800×30時間＋@￥3,800×５時間×125％＝￥137,750

804工事：@￥3,800×29時間＋@￥3,800×５時間×125％＝￥133,950　合計：￥382,850

(3)　T氏役員報酬〈資料6(2)〉

①工事原価＝¥612,000×$\frac{(80時間×1.5)}{(80時間×1.5+120時間×1.0)}$＝¥306,000

②配賦率：¥306,000÷80時間＝@¥3,825

③配賦額

802工事：@¥3,825×20時間＝¥76,500

803工事：@¥3,825×25時間＝¥95,625

804工事：@¥3,825×35時間＝¥133,875　　合計：¥306,000

(4)　重機械部門費〈資料6(3)〉

①固定費率＝¥960,000÷1,200時間＝@¥800

②変動費率＝@¥400

③予定配賦率＝固定費率@¥800＋変動費率@¥400＝@¥1,200

④予定配賦額

801工事：@¥1,200×10時間＝¥12,000

802工事：@¥1,200×18時間＝¥21,600

803工事：@¥1,200×35時間＝¥42,000

804工事：@¥1,200×34時間＝¥40,800　　合計：¥116,400（予定配賦額）

(5)　その他工事共通の現場管理費（人件費以外の経費）〈資料6(4)〉

①配賦率＝¥97,000÷97時間＝@¥1,000

②予定配賦額

801工事：@¥1,000×10時間＝¥10,000

802工事：@¥1,000×18時間＝¥18,000

803工事：@¥1,000×35時間＝¥35,000

804工事：@¥1,000×34時間＝¥34,000　　合計：¥97,000

(6)　完成工事原価報告書の作成

前記の「原価計算表」の完成工事（801工事，802工事及び804工事）について，各費目合計等を集計すると以下のようになり，解答である完成工事原価報告書が完成できる（単位：円）。

	801工事		802工事		804工事	合　計
	前月繰越	当月発生	前月繰越	当月発生	当月発生	
材料費	166,000	△11,200	63,900	186,600	239,000	644,300
労務費	221,400	59,400	72,050	124,650	278,650	756,150
外注費	26,990	29,880	32,580	97,550	193,200	380,200
経　費	79,400	40,580	33,200	159,040	307,195	619,415
完成工事原価						2,400,065
労務外注費	112,000	19,500	30,650	53,400	144,700	360,250
労務外注費						360,250
前月繰越	49,100	—	24,120	—	—	73,220
従業員給料手当	—	9,670	—	14,200	28,900	52,770
法定福利費	—	1,250	—	3,300	7,020	11,570
福利厚生費	—	3,920	—	11,900	19,100	34,920
T氏役員報酬	—	0	—	76,500	133,875	210,375
人件費						382,855

問２

当月末における未成工事支出金の勘定残高は，未完成工事原価を意味しているので，前記の「原価計算表」の当月末未成工事原価の合計金額（¥748,475）が正解となる。

問３

配賦差異

①賃率差異

(1)当月発生差異

(ア)　予定配賦額＝@¥3,800×(97時間－15時間)＋@¥3,800×15時間×125%
＝¥382,850

(イ)　実際発生額＝¥318,000－¥73,000＋¥78,000＋¥65,000＝¥388,000

(ウ)　当月発生差異＝(ア)¥382,850－(イ)¥388,000＝△¥5,150（借方差異）

(2)配賦差異勘定残高：前月繰越¥3,400(借方残高)＋当月発生差異¥5,150(借方差異)
＝¥8,550（借方残高：A）

②重機械部門費予算差異

(1)当月発生差異：(変動費率@¥400×97時間＋固定費予算額¥960,000÷12か月)
－実際発生額¥122,500＝¥118,800－¥122,500
＝△¥3,700（借方差異）

(2)配賦差異勘定残高：前月繰越¥2,370(借方残高)＋当月発生差異¥3,700(借方差異)

= ¥6, 070（借方残高：A）

③重機械部門費操業度差異

(1)当月発生差異：予定配賦額@¥800×97時間－固定費予算額¥960, 000÷12か月

= ¥77, 600－¥80, 000＝△¥2, 400（借方差異）

(2)配賦差異勘定残高：当月発生差異¥2, 400（借方差異）－前月繰越¥900（貸方残高）

= ¥1, 500（借方残高：A）

【重機械部門の②予算差異と③操業度差異の図解】

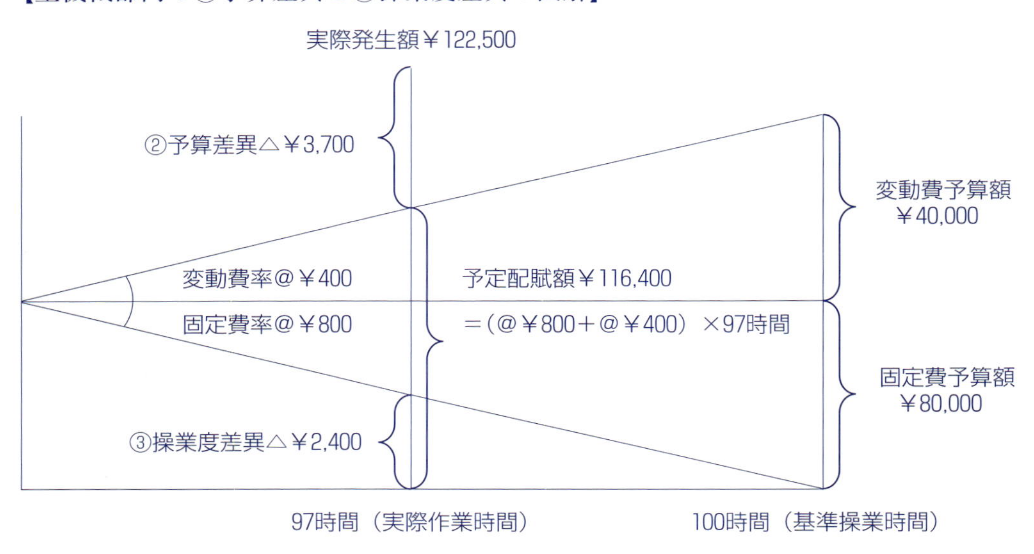

1級 財務諸表

問題

〔第１問〕　費用配分の原則に関する次の問に解答しなさい。各問ともに指定した字数以内で記入すること。　(20点)

問１　この原則の意味を説明しなさい。(200字以内)
問２　この原則が企業会計上重視される理由を説明しなさい。(300字以内)

解答＆解説

問１

費用配分の原則とは、①資産の取得原価を②所定の方法
に従い、③計画的・規則的に各期に配分することを要請
する規範理念である。ここでいう①資産の取得原価は、
種類別に分類された財・用役に割り当てられた支出額を
意味する。また、②所定の方法とは、一般に公正妥当と
認められた費用配分の方法をいう。最後に、③計画的・
規則的な配分とは、合理的な配分計画にもとづいて妥当
な方法を選択し、当該方法の継続的適用を意味する。

問2

費用配分の原則において、費用性資産への支出額は、「
①当期の費用に算入する部分」と、「②次期以降の費用
に算入するために繰り越す部分」とに配分される。その
結果、①前者の配分額は損益計算書に費用として表示さ
れることになり、②後者の配分額は資産として貸借対照
表に表示されることになる。つまり、費用配分の原則は
、費用性資産についての「費用の測定原則」であるとと
もに、貸借対照表に表示される「費用性資産の評価原則
」であるとも考えられる。以上のことにより、企業会計
原則上、費用配分の原則が重視される理由は、費用配分
の原則が損益計算書と貸借対照表の両者に関わっている
からであるといえる。

問1

「資産の取得原価は，資産の種類に応じた費用配分の原則によって，各事業年度に配分しなければならない。有形固定資産は，当該資産の耐用期間にわたり，定額法，定率法等の一定の減価償却の方法によって，その取得原価を各事業年度に配分し，無形固定資産は，当該資産の有効期間にわたり，一定の減価償却の方法によって，その取得原価を各事業年度に配分しなければならない。繰延資産についても，これに準じて，各事業年度に均等額以上を配分しなければならない（企業会計原則　貸借対照表原則五）。」

前述の内容から，費用配分の原則は，①資産の取得原価を②所定の方法に従い，③計画的・規則的に各期に配分すべきであるということを要請していることがわかる。なお，この費用配分の原則は，すべての資産に適用されるのではないことに注意が必要である。当該原則は，費用化される資産（これを「費用性資産」と呼ぶ）についてだけ適用される。これに対して，受取手形や完成工事未収入金などの貨幣性資産は，当該原則の適用外であることは言うまでもない。

① 資産の取得原価とは，種類別に分類された財・用役に割り当てられた支出額を意味する。企業会計原則（連続意見書を含む）において，この取得原価の決定の仕方について，資産の種類別・取得の態様別に詳しく取り扱っているので，参考にされたい。
② 所定の方法とは，一般に公正妥当と認められた費用配分の方法をいう。たとえば，企業会計原則では，棚卸資産の原価配分方法として「個別法，先入先出法，平均法など」が，固定資産の原価配分方法として「定額法，定率法など」があげられる。
③ 計画的とは，企業や当該資産の特殊性を十分に考慮し，適正な期間損益計算を保証するような合理的な配分計画を意味している。また，規則的とは，選択された妥当な方法の継続的適用を意味している。

問2

費用配分の原則が，企業会計上，重要視される理由は，「当該原則が，損益計算書と貸借対照表の両者に関わっている」からである。

すなわち，費用性資産への支出額を当期に配分される部分と，次期に繰り越される部分とに配分するということは，前者の配分額が当期の「損益計算書」に計上される費用となり，後者の部分は「貸借対照表」に計上される当該資産の価額となるからである。

問題

〔第２問〕 次の文中の［　　］の中に入れるべき最も適当な用語を下記の＜用語群＞の中から選び，その記号（ア～タ）を解答用紙の所定の欄に記入しなさい。（14点）

財務諸表の作成にあたって採用した会計処理の原則および手続きを［ 1 ］という。［ 1 ］の変更があった場合、原則として、新たな［ 1 ］を過去の財務諸表に遡って適用していたかのように会計処理を行わなければならないが、これを［ 2 ］という。

会計基準・法令等の改正または会計事象等を財務諸表に適切に反映するために、財務諸表の表示方法を変更した場合、新たな表示方法を過去の財務諸表に遡って適用していたかのように表示を変更しなければならないが、これを［ 3 ］という。

過去の財務諸表における［ 4 ］の訂正を財務諸表に反映することを［ 5 ］という。過去の財務諸表における［ 4 ］が発見された場合には、それが財務諸表の表示期間より前の期間に関する［ 5 ］の累積的影響額は、表示する財務諸表のうち、［ 6 ］期間の期首の資産、負債および純資産の額に反映する。そして、表示する過去の各期間の財務諸表には、当該各期間の影響額を反映する。

会計上の［ 7 ］の変更は、それが、当期のみに影響する場合には当期に会計処理を行い、将来の期間にも影響する場合には将来にわたり会計処理を行う。

＜用語群＞

ア 修正再表示	イ 遡及適用	ウ 項目	エ 会計原則
オ 見え消し	カ 誤記	キ 誤謬	ク 瑕疵
コ 早期適用	サ 会計方針	シ 直近の	ス 最も古い
セ 会計慣習	ソ 財務諸表の組替え	タ 見積り	

解答＆解説

記号（ア～タ）

1	2	3	4	5	6	7
サ	イ	ソ	キ	ア	ス	タ

「会計上の変更及び誤謬の訂正に関する会計基準（企業会計基準第24号）」における，主に「用語の定義」に関する出題である。

空欄	会計上の変更及び誤謬の訂正に関する会計基準
1	＜用語の定義＞ 4(1).「会計方針（サ）」とは，財務諸表の作成にあたって採用した会計処理の原則及び手続をいう。
2	＜用語の定義＞ 4(9).「遡及適用（イ）」とは，新たな会計方針を過去の財務諸表に遡って適用していたかのように会計処理することをいう。
3	＜用語の定義＞ 4(10).「財務諸表の組替え（ソ）」とは，新たな表示方法を過去の財務諸表に遡って適用していたかのように表示を変更することをいう。
4 5	＜用語の定義＞ 4(11).「修正再表示（ア）」とは，過去の財務諸表における誤謬（キ）の訂正を財務諸表に反映することをいう。
6	＜過去の誤謬に関する取扱い＞ 21. 過去の財務諸表における誤謬が発見された場合には，次の方法により修正再表示する。 (1)表示期間より前の期間に関する修正再表示による累積的影響額は，表示する財務諸表のうち，最も古い（ス）期間の期首の資産，負債及び純資産の額に反映する。 (2)表示する過去の各期間の財務諸表には，当該各期間の影響額を反映する。
7	＜会計上の見積りの変更に関する原則的な取扱い＞ 17. 会計上の見積り（タ）の変更は，当該変更が変更期間のみに影響する場合には，当該変更期間に会計処理を行い，当該変更が将来の期間にも影響する場合には，将来にわたり会計処理を行う。

問題

〔第3問〕 以下の各文章について、財務会計に関するわが国の基本的な考え方に照らして、正しいものには「A」、誤ったものには「B」を解答用紙の所定の欄に記入しなさい。 （16点）

1. 企業会計原則では、株主資本を資本金と剰余金に区別するとともに、剰余金を資本剰余金と利益剰余金の2つに分けている。会社計算規則などの現行会計制度は、資本剰余金は資本準備金とその他資本剰余金に、利益剰余金は利益準備金とその他利益剰余金に、さらに細かく区分している。
2. 株式会社は、その設立時に、定款に定められた発行可能株式総数の4分の1以上の株式を発行しなければならないが、証券会社の事務手数料等、この発行に要した諸経費は株式交付費として処理する。株式交付費は支出時に費用として処理することを原則とするが、これを繰延資産として3年内に償却することが実務上認められている。
3. 資本と利益を区別するため、会社法上、資本準備金およびその他資本剰余金は、株主総会の決議によって資本金に組み入れることが認められているが、利益準備金およびその他利益剰余金については資本金組入れが禁じられている。
4. 株式の払込金額のうち、資本金に組み入れられなかった部分は、原則として資本準備金として積み立てなければならないが、準備金総額が資本金額の4分の1を超過している場合には、その他資本剰余金としてもよい。
5. 積立金は、その取崩が会社の純資産の額の減少を前提にするか否かを基準に、消極性積立金と積極性積立金の2つに分類される。これらのうち前者は、その目的取崩が純資産の額の減少を前提とするもので、後者は前提としないものである。
6. 会社法上、剰余金の額はその他資本剰余金の額とその他利益剰余金の額の合計額である。したがって、分配可能額の範囲内であれば、利益配当以外に、払込資本であるその他資本剰余金の株主への配当も、剰余金の配当として認められている。
7. 取得した自己株式は、取得原価をもって純資産の部の株主資本から控除される。なお、取得に要した付随費用は、取得原価に含める。
8. 新株予約権の発行に伴う払込金額は、純資産の部に「新株予約権」として計上し、権利が行使されずに権利行使期間が到来したときには、資本金または資本金および資本準備金に振り替える。

解答&解説

記号（AまたはB）

1	2	3	4	5	6	7	8
A	B	B	B	A	A	B	B

1：A　企業会計原則では，株主資本を資本金と剰余金に区分するとともに，剰余金を資本剰余金と利益剰余金の2つに分けている（注解注19）。
また，現行会計制度（会社計算規則等）においては，資本剰余金は「資本準備金」と「その他資本剰余金」に，利益剰余金は「利益準備金」と「その他利益剰余金」に区分される。

2：B　株式会社の設立に際して，株式発行のために支出する証券会社の事務手数料等，この発行に要した諸経費は，「株式交付費」ではなく，「創立費」として処理する。

3：B　会社法（会社計算規則）は，従来，利益準備金およびその他利益剰余金の資本金組入れを禁じていた。しかし，平成21年の会社計算規則改正により，この禁止が解かれることになった。利益準備金およびその他利益剰余金についても，株主総会の決議によって，資本金に組み入れることが認められている。

4：B　株式の払込金額のうち，資本金に組み入れられなかった部分は，準備金総額が資本金の4分の1を超過しても，資本準備金として積み立てなければならない。あくまでも，株式払込剰余金は，資本準備金として積み立てなければならない。

5：A　消極性積立金は，その目的取崩が純資産の額の減少を前提とするもので，「退職給与積立金，配当平均積立金」はこれに属する。これらの消極性積立金の目的取崩額は，繰越利益剰余金の増加項目として，株主資本等変動計算書に表示される。
一方，積極性積立金は，その取崩が純資産の額の減少を前提としない性質のものをいい，「減債積立金や事業の充実のための積立金」はこれに属する。この積極性積立金の目的取崩額は，取崩期の繰越利益剰余金の増加要素として，従来は損益計算書の未処分利益の計算の区分に表示されていたが，会社法施行後は株主資本等変動計算書に表示されることとなった。

6：A　会社法上，剰余金の配当には，（利益配当以外に）その他資本剰余金の株主への配当（実質は払込資本の払い戻し）も含まれている。

7：B　自己株式の取得，処分及び消却に関する付随費用は，「取得原価」に含めるのではなく，損益計算書の「営業外費用」に計上する（自己株式及び準備金の額の減少等に関する会計基準14）。

8：B　権利不行使による失効が生じた場合には，新株予約権として計上した額のうち，当該失効に対応する部分を，「資本金または資本金および資本準備金」に振り替えるのではなく，新株予約権戻入として「特別利益」として計上する（ストック・オプション等に関する会計基準9）。

問題

〔第4問〕 当社（決算日：毎年3月31日）は、次の条件でAリース会社から機械装置をリースした。下の問に解答しなさい。なお、使用する勘定科目は下記の<勘定科目群>から選び、その記号（ア〜ス）と勘定科目を書くこと。 (14点)

<条件>

1．所有権移転条項、割安購入選択権ともになし。
2．解約不能のリース取引で契約期間は10年である。
3．リース料の総額は¥24,000,000で、支払いは1年分のリース料（均等額）を毎期末日に現金で支払う。なお、リース料に含まれる利息相当額は¥2,400,000である。
4．リース取引開始日は平成×1年4月1日である。
5．リース物件（機械装置）の経済的耐用年数は12年である。
6．当社の減価償却方法は定額法（残存価額は取得原価の10％）である。
7．リース料に含まれる利息相当額¥2,400,000は定額法により各期に配分する。

問1 リース取引開始日（平成×1年4月1日）の仕訳を答えなさい。
問2 平成×2年3月31日におけるリース料支払いの仕訳を答えなさい。
問3 平成×2年3月31日決算時の仕訳を答えなさい。
問4 条件1を変更し、「リース物件の所有権は、リース期間終了時に賃借人に移転する。」とした場合、平成×2年3月31日決算時の仕訳を答えなさい。

<勘定科目群>

ア 現金預金	イ 支払手形	ウ 支払利息	エ 支払手数料
オ 未成工事支出金	カ リース資産	キ 前払費用	ク 減価償却費
コ リース料	サ リース債務	シ 減価償却累計額	ス 減損損失

解答&解説

記号（ア〜ス）も必ず記入のこと

	借方			貸方		
	記号	勘定科目	金額	記号	勘定科目	金額
問1	カ	リース資産	21600000	サ	リース債務	21600000
問2	サ ウ	リース債務 支払利息	2160000 240000	ア	現金預金	2400000
問3	ク	減価償却費	2160000	シ	減価償却累計額	2160000
問4	ク	減価償却費	1620000	シ	減価償却累計額	1620000

（単位：円）

問１

リース取引開始日の仕訳は，リース料の総額から当該利息相当額を控除し，リース資産勘定およびリース債務勘定（¥21,600,000＝¥24,000,000－¥2,400,000）を計上する。

(借)リース資産	21,600,000	(貸)リース債務	21,600,000

問２

平成×２年３月31日におけるリース料の支払いは，１年分のリース料（均等額）なので，¥2,400,000（＝¥24,000,000÷10年）となり，貸方が現金預金勘定で¥2,400,000となる。

借方は，リース債務勘定¥2,160,000（＝¥21,600,000÷10年）と支払利息勘定¥240,000（＝利息相当額¥2,400,000÷10年）を計上する。

(借)リース債務	2,160,000	(貸)現金預金	2,400,000
支払利息	240,000		

問３

平成×２年３月31日の決算時の仕訳は，リース資産について，定額法により，間接記入法で減価償却費を計上する。ただし，所有権移転外ファイナンス・リース取引に係るリース資産については，原則として，リース期間を耐用年数とし，残存価額をゼロとして，減価償却費を算出する。

(借)減価償却費	2,160,000	(貸)減価償却累計額	2,160,000

（¥21,600,000－¥0）÷リース期間10年＝¥2,160,000

問４

所有権移転ファイナンス・リース取引に係るリース資産については，自己所有の固定資産と同一の方法により，減価償却費を算出することなる（間接記入法）。

(借)減価償却費	1,620,000	(貸)減価償却累計額	1,620,000

（¥21,600,000－¥21,600,000×10％）÷経済的耐用年数12年＝¥1,620,000

問題

〔第5問〕 次の<決算整理事項等>に基づき、解答用紙に示されている広島建設株式会社の当会計年度（平成×2年4月1日～平成×3年3月31日）に係る精算表を完成しなさい。

なお、計算過程で端数が生じた場合は、千円未満の端数を切り捨てること。また、整理の過程で新たに生じる勘定科目で、精算表上に指定されている科目は、そこに記入すること。 (36点)

<決算整理事項等>

(1) 機械装置は、平成×0年4月1日に取得したものであり、取得した時点での条件は次のとおりである。

取得原価　40,000千円　　残存価額　ゼロ　　耐用年数　10年　　減価償却方法　定額法

この資産について、期末に減損の兆候が見られたため、割引前のキャッシュ・フローの総額を見積もったところ、26,000千円であった。また、割引後のキャッシュ・フローの総額は23,200千円と算定され、これは正味売却価額よりも大きかった。なお、減価償却費は未成工事支出金に計上し、減損損失は機械装置減損損失に計上すること。

(2) 有価証券はすべてその他有価証券であり、期末の時価は2,050千円である。税率を40％として税効果会計を適用する。

(3) 買建オプションは、上記(2)の有価証券（すべて株式）の価格変動リスクをヘッジするために、平成×0年5月1日に日経平均先物プット・オプションを買い建て、オプション料120千円を支払っていたものであるが、期末時価が350千円となった。当該取引はヘッジ会計の要件を充たしているので、繰延ヘッジにより会計処理する。なお、税率を40％として税効果会計を適用する。

(4) 退職給付引当金への当期繰入額は2,380千円であり、このうち1,720千円は工事原価、660千円は販売費及び一般管理費である。なお、現場作業員の退職給付引当金については、月次原価計算で月額130千円の予定計算を実施しており、平成×3年3月までの毎月の予定額は、未成工事支出金の借方と退職給付引当金の貸方にすでに計上されている。この予定計上額と実際発生額との差額は工事原価に加減する。

(5) 期末時点で施工中の工事は次の工事だけであり、収益認識は、原価比例法による工事進行基準を適用している。

工事期間は3年（平成×1年4月1日～平成×4年3月31日）、工事収益総額は800,000千円、工事原価総額の見積額は550,000千円で、着手前に前受金として400,000千円を受領している。

当期末までの工事原価発生額は、第1期が181,500千円、第2期が208,500千円であった。第2期末に工事原価総額の見積りを、600,000千円に変更した。

(6) 受取手形と完成工事未収入金の期末残高に対して2％の貸倒引当金を設定する（差額補充法）。このうち1,100千円については税務上損金算入が認められないため、税率を40％として税効果会計を適用する。

(7) 借入金5,000千円は、平成×2年12月1日に年利3％、返済期日平成×3年11月30日の条件で借り入れたものであり、利息は返済日に1年分を一括して支払う。当期分の支払利息を月割り計算で計上する。

(8) 当期の完成工事高に対して0.5％の完成工事補償引当金を設定する（差額補充法）。

(9) 法人税、住民税及び事業税と未払法人税等を計上する。なお、税率は40％とする。

(10) 税効果を考慮した上で、当期純損益を計上する。

解答＆解説

精　算　表

（単位：千円）

勘定科目	残高試算表		整理記入		損益計算書		貸借対照表	
	借方	貸方	借方	貸方	借方	貸方	借方	貸方
現金預金	22410						22410	
受取手形	30000						30000	
貸倒引当金		1200		1800				3000
未成工事支出金	203190		4000 160 1150	208500				
機械装置	40000			4800			35200	
機械装置減価償却累計額		8000		4000				12000
土地	16000						16000	
投資有価証券	2300			250			2050	
買建オプション	120		230				350	
その他の諸資産	19520						19520	
工事未払金		13400						13400
未成工事受入金		136000	136000					
完成工事補償引当金		130		1150				1280
借入金		5000						5000
退職給付引当金		4200		160 660				5020
その他の諸負債		11970						11970
資本金		150000						150000
資本準備金		11000						11000
利益準備金		9000						9000
繰越利益剰余金		4800						4800
雑収入		3160				3160		
販売費及び一般管理費	22430		660		23090			
その他の諸費用	1890		50		1940			
	357860	357860						
機械装置減損損失			4800		4800			
貸倒引当金繰入額			1800		1800			
その他有価証券評価差額金			150				150	
繰延ヘッジ損益				138				138
繰延税金資産			100 440				540	
繰延税金負債				92				92
完成工事未収入金			120000				120000	
完成工事高				256000		256000		
完成工事原価			208500		208500			
未払費用				50				50
未払法人税等				8052				8052
法人税、住民税及び事業税			8052		8052			
法人税等調整額				440		440		
			486092	486092	248182	259600	246220	234802
当期（純利益）					11418			11418
					259600	259600	246220	246220

決算整理仕訳（単位：千円）

(1)　減価償却費の計上

(借)未成工事支出金	4,000	(貸)機械装置減価償却累計額	4,000

定額法：(取得原価40,000－残存価額０)÷耐用年数10年＝4,000

「減損の兆候」が見られるため，減損損失を認識するか否かの判定を行う。帳簿価額(28,000＝取得原価40,000－減価償却累計額{8,000＋4,000})よりも，割引前のキャッシュ・フローの総額（26,000）の方が少ないので，減損損失の認識が必要となる。

減損の会計処理は，原則として，減損処理の取得原価から減損損失を直接控除（貸方に，「機械装置」勘定で処理）し，控除後の金額をその後の取得原価とする。ただし，間接控除する形式で表示することもできる。

減損損失の金額（測定額）は，以下のような算式により算出される。なお，回収可能価額※は，「正味売却価額と割引後のキャッシュ・フローの総額のいずれか高い方の金額」となる。したがって，当該問題の回収可能価額は「割引後のキャッシュ・フローの総額（23,200）」となる。なお，減損損失は，以下のように算出する。

減損損失＝帳簿価額－回収可能価額※

(借)機械装置減損損失②	4,800	(貸)機械装置	4,800

①帳簿価額＝(取得原価40,000－減価償却累計額{8,000＋4,000})＝28,000

②機械装置減損損失＝帳簿価額①28,000－割引後のキャッシュ・フローの総額23,200
＝4,800

(2)　投資有価証券の評価

(借)その他有価証券評価差額金②	150	(貸)投資有価証券①	250
繰延税金資産③	100		

①評価差額＝時価2,050－帳簿残高2,300＝△250(評価損)

②その他有価証券評価差額金＝評価差額①250×(100%－税率40%)＝150

③繰延税金資産＝評価差額①250×税率40%＝100

(3)　買建オプションの評価

(借)買建オプション①	230	(貸)繰延ヘッジ損益②	138
		繰延税金負債③	92

①評価差額＝時価350－帳簿残高120＝＋230（評価益）

②繰延ヘッジ損益＝評価差額①230×(100%－税率40%)＝138

③繰延税金負債＝評価差額①230×税率40％＝92

(4)　退職給付引当金の計上

(借)未成工事支出金	160	(貸)退職給付引当金	160

月額@130×12か月－実際発生額1, 720＝△160（計上不足）

(借)販売費及び一般管理費	660	(貸)退職給付引当金	660

(5)　当期の完成工事高の計上

(借)未成工事受入金	136, 000③	(貸)完成工事高	256, 000②
完成工事未収入金	120, 000※貸借差額		

①前期の完成工事高：工事収益総額800, 000×工事進捗率$\frac{181,500}{550,000}$＝264, 000

②当期の完成工事高：工事収益総額800, 000×工事進捗度$\frac{181,500+208,500}{600,000}$
－前期の完成工事高①264, 000＝256, 000

③当期首の未成工事受入金残高：着手前400, 000－前期の完成工事高①264, 000＝136, 000

当期発生工事原価の振替仕訳

(借)完成工事原価	208, 500	(貸)未成工事支出金	208, 500

(6)　貸倒引当金の計上

(借)貸倒引当金繰入額	1, 800	(貸)貸倒引当金	1, 800

(受取手形30, 000＋完成工事未収入金120, 000)×２％－帳簿残高1, 200＝1, 800

税効果会計

(借)繰延税金資産	440	(貸)法人税等調整額	440

繰延税金資産＝税務上の損金不算入額1, 100×税率40％＝440

(7)　未払利息の計上

(借)その他の諸費用	50	(貸)未払費用	50

$$未払費用：5,000 \times 3\% \times \frac{4か月}{12か月} = 50$$

(8) 完成工事補償引当金の計上

(借)未成工事支出金	1,150	(貸)完成工事補償引当金	1,150

完成工事高256,000×0.5％－帳簿残高130＝1,150

(9) 法人税，住民税及び事業税の計上

(借)法人税，住民税及び事業税	8,052④	(貸)未払法人税等	8,052

①総収益：雑収入3,160＋完成工事高256,000＝259,160
②総費用：販売費及び一般管理費23,090＋その他の諸費用1,940＋機械装置減損損失4,800
＋貸倒引当金繰入額1,800＋完成工事原価208,500＝240,130
③損金不算入項目：(6)1,100
④法人税，住民税及び事業税：(①259,160－②240,130＋③1,100)×40％＝8,052

(10) 当期純利益の計算

総　収　益		259,160
総　費　用		240,130
税引前当期純利益		19,030
法人税，住民税及び事業税	8,052	
法人税等調整額	△440	7,612
当期純利益		11,418

1級　財務分析

問題

〔第１問〕　次の問に解答しなさい。解答にあたっては、各問とも指定した字数以内で記入すること。　(20点)

問１　企業の総合評価の必要性について、内部分析と外部分析の観点から説明しなさい。(250字以内)
問２　総合評価の具体的な手法としてのレーダー・チャート法について説明しなさい。(250字以内)

解答＆解説

問１

内部分析における総合評価の必要性は，偏った評価によって，今後の企業経営について，経営者等の判断を誤らせないためである。たとえば，収益性についてはかなり優良な結果を示し，健全性については不安定な状況で，収益性だけを評価したり，健全性だけを評価したりしても適切な経営戦略等を立てることはできない。一方，外部分析における総合評価の必要性は，企業経営状況の判定を目的とし，企業のランキングを行うためである。企業のランキングを行うことによって，他の企業との相対的な位置づけが把握できるようになる。

問2

レーダー・チャート法とは，円形の図形のなかに，選択
された適切な分析指標を記入し，平均値との乖離具合を
凹凸の状況によってビジュアルに，企業の経営状況を総
合的に評価する方法である。この方法の長所は，一目瞭
然で，企業の財務分析上の特性を把握することができる
点である。また，この方法を採用する際には，以下の二
つの注意点がある。①選択される分析指標の適正性で，
それらが偏らないこと。②比較対象となる平均値の選択
。これらの選択内容が適正でないと，この分析の評価内
容は異なったものとなってしまう。

問1

企業の総合評価の必要性は，内部分析と外部分析によって異なる。

内部分析において総合評価を必要とする理由は，経営政策，経営戦略，経営管理といった企業経営のあらゆる局面と関係している。たとえば，資本利益率に代表される収益性についてはかなり優良な結果を示したとしても，固定比率のような健全性については不安定な状況であるというような状況の把握は，今後の経営政策や経営戦略に大きな影響を与えるはずである。

また，事業部別の業績評価報告書を利用して業績管理的な財務分析をする際にも，組織の各構成員が納得することのできる総合評価法が採用されなければならない。偏った評価基準は，マイナスの効果をもたらすことになってしまう。そのような観点から，企業経営について適正な総合評価を導入することが不可欠である。

外部分析において総合評価を実施することは，企業のランキングをすることと深い関わりがある。たとえば，債権者保護の観点から実施されている社債の格付けや，投資家の保護・育成の観点から実施される株式上場審査基準での企業評価などが典型である。

建設業には，公共工事への参加資格審査として「経営事項審査」（経審）がある。この経審では，企業経営状況の判定のために，ごく一般的な財務分析手法が採用され，これらの結果の

点数化によって総合評価のデータとしている。これも一種の企業ランキングのケースである。

その他，日本経済新聞社の日経テレコン経営情報でのフェイス分析等は，様々な社会的ニーズに応えようとする外部分析での総合評価の例であろう。

問2

レーダー・チャート法は，円形の図形のなかに，選択された適切な分析指標を記入し，平均値との乖離具合を凹凸の状況によって視覚的に確認しようとするものである。円形であるから，選択すべき指標は，少なくて8個，多くて12個程度に限られよう。その図形から，クモの巣グラフと呼ばれることもある。

レーダー・チャートは，一目瞭然で，企業の財務分析上の特性を把握することができる。たとえば，「財務の健全性の指標は平均値よりいずれも良好であるが，収益性は平均値よりほぼ凹んだ状態である」といった場合，その企業は，積極的な営業活動による活性化が望まれているであろうことがわかる。

ただし，このレーダー・チャート法で注意すべきことは，「選択される分析指標の適正性」と「比較対象となる平均値の選択」である。選択される分析指標が，ある評価項目だけに偏ってしまうと，企業の総合的な評価ができなくなってしまう。そして，平均値には，「業界の業種別平均値や，規模別平均値等」が考えられるが，その他に「自社の過去数年の平均値や，同業他社の実績データ」を採用することも，それなりの意味がある。「どのような分析指標を選択するのか」，「どのような平均値を選択するのか」によって，この分析の評価内容は異なるものとなる。

問題

〔第2問〕 次の文の [　　] の中に入る適当な用語を下記の<用語群>の中から選び、その記号（ア～ノ）を解答用紙の所定の欄に記入しなさい。（15点）

生産性分析とは、投入された生産要素がどの程度有効に利用されたかを分析することをいい、単純には、生産性はアウトプットをインプットで除したものと表現することができる。分母のインプットは、一般的には [1] と [2] である。一方、分子のアウトプットは、通常は付加価値の金額を採用し、その金額の算定方法には [3] と控除法がある。

付加価値に減価償却費を含めた場合を [4] と呼んでいる。また、建設業における付加価値の算式は、[5] －（材料費＋ [6] ＋外注費）で示される。

生産性分析の基本指標は、付加価値労働生産性の測定であるが、この労働生産性はいくつかの要因に分解して分析することができる。一つは、一人当たり [5] × [7] に分解され、二つめは、[8] ×総資本投資効率であり、[8] は一人当たり総資本を示すものである。三つめは、[9] ×設備投資効率である。[9] は、従業員一人当たりの生産設備への投資額を示しており、工事現場の機械化の水準を示している。ここでの有形固定資産の金額は [10] のような未稼働投資の分は除外される。いずれの分析においても、従業員数、総資本、有形固定資産の数値は [11] であることが望ましい。

<用語群>

ア　完成工事高	イ　経費	ウ　純付加価値	エ　資本集約度
オ　営業利益	カ　付加価値率	キ　労働装備率	ク　建設仮勘定
コ　労務外注費	サ　粗付加価値	シ　加算法	ス　資本生産性
セ　労務費	ソ　総資本回転率	タ　期中平均値	チ　期末残高数値
ト　労働力	ナ　簡便法	ニ　完成工事原価	ネ　設備資本
ノ　土地			

解答＆解説

記号（ア～ノ）

1	2	3	4	5	6	7	8	9	10	11
ト※	ネ※	シ	サ	ア	コ	カ	エ	キ	ク	タ

※1と2は順不同

生産性分析において，分母の生産諸要素は，一般的に，労働力と設備資本である。たとえば，労働力には従業員数が，設備資本には設備資本投下額が用いられる。したがって，[1] と [2] の正解の組み合わせは，「労働力（ト）」と「設備資本（ネ）」なる（順不同）。

分子の活動成果たる産出高は，企業自らの努力によって生み出した価値を示すもので，付加価値が典型である。しかし，付加価値の計算方法については，各種の統計や分析において，決して統一的であるとはいえないのが現状である。具体的な付加価値額の計算においても，企業活動の成果（一般的には売上高・完成工事高）から付加価値としないものを控除する方法（控除法）と，付加価値とみなす項目を加算していく方法（加算法）との相違がある。これによって，[3] は「加算法（シ）」だとわかる。

一般的に，付加価値の中に減価償却費を含めた場合，これを「粗付加価値」，減価償却費を除いて付加価値を算定する場合，これを「純付加価値」と呼んでいる。また，建設業の付加価値は，完成工事高から，材料費と労務外注費および外注費の合計を控除して算出する。それを算式で示すと，以下のようになる。したがって，［4］と［5］および［6］の正解の組み合わせは，それぞれ「粗付加価値（サ）」，「完成工事高（ア）」，「労務外注費（コ）」となる。

①建設業の付加価値＝完成工事高－(材料費＋労務外注費＋外注費)

建設業において採用される生産性分析の基本指標は，１人当たりの付加価値額すなわち付加価値労働生産性である（下記②の指標)。これを，完成工事高を介して展開すると，以下のようになる（下記③の指標)。その結果，１人当たりの付加価値額（付加価値労働生産性）は，「１人当たり完成工事高」と「付加価値率」に分解することができるとわかる。これにより，［7］の正解は，「付加価値率（カ）」になろう。

$$②１人当たりの付加価値額(付加価値労働生産性)=\frac{付加価値}{従業員数}$$

③１人当たりの付加価値額（付加価値労働生産性）

$$=\frac{完成工事高}{従業員数}\times\frac{付加価値}{完成工事高}=１人当たり完成工事高\times付加価値率$$

同様に，１人当たりの付加価値額（付加価値労働生産性）を，総資本を介して展開すると，以下のようになる（下記④の指標)。したがって，［8］は，「資本集約度（エ）」が正解となる。

④１人当たりの付加価値額（付加価値労働生産性）

$$=\frac{総資本}{従業員数}\times\frac{付加価値}{総資本}=資本集約度\times総資本投資効率$$

上記と同様に，１人当たりの付加価値額（付加価値労働生産性）を，有形固定資産を介して展開すると，以下のようになる（下記⑤の指標)。よって，［9］は，「労働装備率（キ）」だとわかる。

⑤１人当たりの付加価値額（付加価値労働生産性）

$$=\frac{有形固定資産}{従業員数}\times\frac{付加価値}{有形固定資産}=労働装備率\times設備投資効率$$

［10］は，直後の「未稼働投資」というキーワードにより，「建設仮勘定（ク）」だと推測がつく。なお，上記のいずれの分析においても，完成工事高や付加価値に対応させるべき「従業員数，総資本，有形固定資産等の数値」は，期中平均値であることが望ましい。つまり，［11］は，「期中平均値（タ）」を選択すること。

問題

〔第3問〕 次の＜資料＞に基づいて（　A　）～（　D　）の金額を算定するとともに、営業外損益率も算定しなさい。なお、営業外損益率がプラスの場合は「A」、マイナスの場合は「B」を解答用紙の所定の欄に記入しなさい。この会社の会計期間は1年である。なお、解答に際しての端数処理については、解答用紙の指定のとおりとする。　(20点)

＜資料＞

1．貸借対照表

貸借対照表

（単位：百万円）

（資産の部）		（負債の部）	
現金預金	×××	支払手形	3,100
受取手形	（ A ）	工事未払金	26,150
完成工事未収入金	28,300	短期借入金	（ C ）
未成工事支出金	（ B ）	未払法人税等	×××
材料貯蔵品	430	未成工事受入金	（ D ）
流動資産合計	63,750	流動負債合計	×××
建物	22,100	長期借入金	×××
機械装置	4,070	退職給付引当金	11,000
工具器具備品	2,800	固定負債合計	×××
車両運搬具	1,900	負債合計	×××
建設仮勘定	380	（純資産の部）	
土地	×××	資本金	×××
投資有価証券	10,000	資本剰余金	5,500
固定資産合計	×××	利益剰余金	8,500
		純資産合計	×××
資産合計	×××	負債純資産合計	×××

2．損益計算書

損益計算書

（単位：百万円）

完成工事高	×××
完成工事原価	×××
完成工事総利益	19,200
販売費及び一般管理費	10,500
営業利益	8,700
営業外収益	
受取利息配当金	384
その他	400
営業外費用	
支払利息	×××
その他	200
経常利益	×××
特別利益	200
特別損失	2,400
税引前当期純利益	×××
法人税等	×××
法人税等調整額	△×××
当期純利益	2,760

3．関連データ（注1）

指標	値	指標	値
総資本当期純利益率	2.30％	流動負債比率（注2）	68.00％
棚卸資産滞留月数	2.70月	純支払利息比率	0.85％
借入金依存度	14.50％	固定長期適合比率	75.00％
固定比率	112.50％	受取勘定回転率	3.00回
総資本回転率	0.80回		

（注1）　算定にあたって期中平均値を使用することが望ましい比率についても、便宜上、期末残高の数値を用いて算定している。

（注2）　流動負債比率の算定は、建設業特有の勘定科目の金額を控除する方法によっている。

解答＆解説

（A）	3700	百万円	（百万円未満を切り捨て）
（B）	21170	百万円	（　同　上　）
（C）	3400	百万円	（　同　上　）
（D）	11000	百万円	（　同　上　）
営業外損益率	0.64	%	（小数点第3位を四捨五入し、第2位まで記入）

記号（AまたはB）　B

（単位：百万円）

①総資本当期純利益率 $= \dfrac{\text{当期純利益}}{\text{総資本}} \times 100 = \dfrac{2,760}{\text{総資本}} \times 100 = 2.30\%$　　∴総資本 = 120, 000

②総資本回転率 $= \dfrac{\text{完成工事高}}{\text{総資本}} = \dfrac{\text{完成工事高}}{120,000} = 0.80$回　　∴完成工事高 = 96, 000

③受取勘定回転率 $= \dfrac{\text{完成工事高}}{\text{受取手形} + \text{完成工事未収入金}} = \dfrac{96,000}{\text{受取手形} + 28,300} = 3.00$回

∴受取手形（A）= 3, 700

④棚卸資産滞留月数 $= \dfrac{\text{未成工事支出金} + \text{材料貯蔵品}}{\text{完成工事高} \div 12\text{月}} = \dfrac{\text{未成工事支出金} + 430}{96,000 \div 12\text{月}} = 2.70$月

∴未成工事支出金（B）= 21, 170

⑤固定資産合計 = 総資産 − 流動資産合計 = 120, 000 − 63, 750 = 56, 250

⑥固定比率 $= \dfrac{\text{固定資産}}{\text{自己資本}} = \dfrac{56,250}{\text{自己資本}} = 112.50\%$　　∴自己資本 = 50, 000

⑦固定長期適合比率 $= \dfrac{\text{固定資産}}{\text{固定負債} + \text{自己資本}} \times 100 = \dfrac{56,250}{\text{固定負債} + 50,000} \times 100 = 75.00\%$

∴固定負債 = 25, 000

⑧長期借入金 = 固定負債 − 退職給付引当金 = 25, 000 − 11, 000 = 14, 000

⑨借入金依存度 $= \dfrac{\text{短期借入金}+\text{長期借入金}}{\text{総資本}} \times 100 = \dfrac{\text{短期借入金}+14,000}{120,000} \times 100 = 14.50\%$

∴短期借入金（C）＝3,400

⑩負債合計＝総資本－自己資本＝120,000－50,000＝70,000

⑪流動負債＝負債合計－固定負債＝70,000－25,000＝45,000

⑫流動負債比率 $= \dfrac{\text{流動負債}-\text{未成工事受入金}}{\text{自己資本}} \times 100 = \dfrac{45,000-\text{未成工事受入金}}{50,000} \times 100 = 68.00\%$

∴未成工事受入金（D）＝11,000

⑬純支払利息比率 $= \dfrac{\text{支払利息}-\text{受取利息配当金}}{\text{完成工事高}} \times 100 = \dfrac{\text{支払利息}-384}{96,000} \times 100 = 0.85\%$

∴支払利息＝1,200

⑭営業外損益率 $= \dfrac{\text{営業外収益}-\text{営業外費用}}{\text{完成工事高}} \times 100 = \dfrac{(384+400)-(1,200+200))}{96,000} \times 100$

$= \triangle 0.641\cdots\% \fallingdotseq \triangle 0.64\%$

問題

〔第4問〕　次の<資料>は、横浜建設株式会社の損益計算書（一部抜粋）である。これに基づき、下記の問に解答しなさい。なお、解答に際しての端数処理については、解答用紙の指定のとおりとする。　（15点）

<資料>

損益計算書（一部抜粋）

（単位：百万円）

完成工事高	285,000	
完成工事原価	156,750	（うち変動費 119,750）
完成工事総利益	128,250	
販売費及び一般管理費	65,850	（うち変動費 17,050）
営業利益	62,400	
営業外収益	23,200	（うち受取利息 1,200）
営業外費用	23,200	（うち支払利息 19,950）
経常利益	62,400	

問1　限界利益を求めなさい。
問2　損益分岐点比率を求めなさい。
問3　分子に実際完成工事高を用いた場合の安全余裕率を求めなさい。
問4　金利負担能力（インタレスト・カバレッジ）が3.60倍となる完成工事高を求めなさい。

解答＆解説

問1	148200	百万円	（百万円未満を切り捨て）
問2	57.89	%	（小数点第3位を四捨五入し、第2位まで記入）
問3	172.73	%	（小数点第3位を四捨五入し、第2位まで記入）
問4	300807	百万円	（百万円未満を切り捨て）

（単位：百万円）

問1

建設業の損益分岐点分析の慣行である「経常利益段階での損益分岐点分析」を行った場合，問4の計算ができないため，「営業利益段階での損益分岐点分析」を行っていることに留意すること。

①限界利益＝完成工事高－変動費＝285,000－(119,750＋17,050)＝148,200

問2

①固定費＝限界利益－営業利益＝148,200－62,400＝85,800

②変動費率＝変動費÷完成工事高＝(119,750＋17,050)÷285,000＝0.48

③損益分岐点完成工事高＝$\dfrac{\text{固定費}}{1-\text{変動費率}}=\dfrac{85,800}{1-0.48}=165,000$

④損益分岐点比率＝$\dfrac{\text{損益分岐点完成工事高}}{\text{実際完成工事高}}\times100=\dfrac{165,000}{285,000}\times100=57.894\cdots\%\fallingdotseq57.89\%$

問3

①安全余裕率＝$\dfrac{\text{実際完成工事高}}{\text{損益分岐点完成工事高}}\times100=\dfrac{285,000}{165,000}\times100=172.727\cdots\%\fallingdotseq172.73\%$

問4

①金利負担能力 $=\dfrac{\text{営業利益}+\text{受取利息}}{\text{支払利息}}=\dfrac{\text{営業利益}+1,200}{19,950}=3.6$倍　　∴営業利益 $=70,620$

②営業利益70,620百万円を達成するための完成工事高

$$=\frac{\text{固定費}+\text{目標営業利益}}{1-\text{変動費率}}=\frac{85,800+70,620}{1-0.48}=300,807.6\cdots\text{百万円}\fallingdotseq 300,807\text{百万円}$$

問題

〔第5問〕　西日本建設株式会社の第23期（決算日：平成×9年3月31日）及び第24期（決算日：平成×0年3月31日）の財務諸表並びにその関連データは＜別添資料＞のとおりであった。次の問に解答しなさい。　(30点)

問1　第24期について、次の諸比率（A～J）を算定しなさい。期中平均値を使用することが望ましい数値については、そのような処置をすること。なお、解答に際しての端数処理については、解答用紙の指定のとおりとする。

A　経営資本営業利益率　　B　流動比率　　C　未成工事収支比率
D　負債回転期間　　E　自己資本比率　　F　総資本回転率
G　労働装備率　　H　営業キャッシュ・フロー対負債比率　　I　付加価値率
J　配当性向

問2　同社の財務諸表とその関連データを参照しながら、次に示す文の［　　］の中に入れるべき最も適当な用語・数値を下記の＜用語・数値群＞の中から選び、記号（ア～ル）で解答しなさい。期中平均値を使用することが望ましい数値については、そのような処置をし、小数点第3位を四捨五入している。

安全性分析とは一般的に企業の支払能力を分析することをいうが、さらには［ 1 ］分析・健全性分析・資金［ 2 ］分析に分類することができる。

［ 1 ］分析は、短期的な支払能力を見るための分析であるが、流動比率よりもより確実性の高い支払能力をみるためには［ 3 ］比率を用いるが、同比率は［ 4 ］比率ともいわれており、第24期における［ 3 ］比率は、［ 5 ］%である。また、［ 6 ］比率とは、すでに完成・引渡した工事をも含めた工事関連の資金立替状況を分析するものであり、この比率は低いほうが望ましい。第24期における［ 6 ］比率は、［ 7 ］%である。

資金［ 2 ］分析では、資金のフローを示すキャッシュ・フロー計算書を作成し、これを分析に用いる。キャッシュ・フローを用いた収益性分析の一つが［ 8 ］率である。ここでの分子は、純キャッシュ・フローを用いる。第24期における純キャッシュ・フローは［ 9 ］千円であり、［ 8 ］率は、［ 10 ］%となる。

＜用語・数値群＞

ア　立替工事高	イ　変動性	ウ　有価証券
エ　固定	オ　活動性	カ　営業キャッシュ・フロー対流動負債
キ　酸性試験	ク　安全余裕	コ　未収入金
サ　完成工事高キャッシュ・フロー	シ　流動性	ス　当座
セ　未成工事受入金	ソ　未成工事収支	タ　流動負債
チ　損益分岐点	ト　収益性	ナ　安全性
ニ　3.79	ネ　5.56	ノ　37.86
ハ　37.98	フ　45.09	ヘ　164.04
ホ　169.23	ム　170.43	モ　72,900
ヤ　76,900	ヨ　112,900	ラ　117,900
ル　167,900		

第5問＜別添資料＞

西日本建設株式会社の第23期及び第24期の財務諸表並びにその関連データ

貸借対照表

（単位：千円）

	第23期 平成×9年3月31日現在	第24期 平成×0年3月31日現在
（資産の部）		
Ⅰ　流動資産		
現金預金	153,000	330,000
受取手形	250,000	200,000
完成工事未収入金	800,000	680,000
有価証券	105,000	140,000
未成工事支出金	47,000	65,000
材料貯蔵品	5,000	5,200
短期貸付金	1,200	1,000
繰延税金資産	400	18,000
その他流動資産	34,000	38,000
貸倒引当金	△ 17,000	△ 9,500
［流動資産合計］	1,378,600	1,467,700
Ⅱ　固定資産		
1．有形固定資産		
建物	120,000	128,000
構築物	80,000	85,000
機械装置	30,000	30,000
車両運搬具	10,000	10,000
工具器具備品	10,000	10,000
土地	300,000	310,000
建設仮勘定	12,000	4,000
有形固定資産計	562,000	577,000
2．無形固定資産		
借地権	2,200	1,800
ソフトウェア	2,300	2,200
無形固定資産計	4,500	4,000
3．投資その他の資産		
投資有価証券	401,000	450,000
関係会社株式	20,000	20,000
長期貸付金	1,800	1,700
破産更生債権等	100	100
その他投資	38,000	36,600
貸倒引当金	△ 20,000	△ 20,000
投資その他の資産計	440,900	488,400
［固定資産合計］	1,007,400	1,069,400
資産合計	2,386,000	2,537,100

	第23期 平成×9年3月31日現在	第24期 平成×0年3月31日現在
（負債の部）		
Ⅰ　流動負債		
支払手形	100,000	120,000
工事未払金	440,000	460,000
短期借入金	160,000	130,000
コマーシャルペーパー	3,000	3,000
一年内償還の社債	10,000	10,000
未払金	2,000	2,100
未払法人税等	6,000	13,000
未成工事受入金	67,000	149,000
完成工事補償引当金	7,000	6,000
工事損失引当金	45,000	33,000
その他の流動負債	14,000	15,000
［流動負債合計］	854,000	941,100
Ⅱ　固定負債		
社債	40,000	40,000
長期借入金	52,000	12,000
繰延税金負債	130,000	130,000
退職給付引当金	8,000	8,000
［固定負債合計］	230,000	190,000
負債合計	1,084,000	1,131,100
（純資産の部）		
Ⅰ　株主資本		
1．資本金	300,000	300,000
2．資本剰余金		
資本準備金	20,000	20,000
資本剰余金計	20,000	20,000
3．利益剰余金		
利益準備金	25,000	25,000
その他利益剰余金	800,000	900,000
利益剰余金計	825,000	925,000
4．自己株式	△ 126,000	△ 126,000
［株主資本合計］	1,019,000	1,119,000
Ⅱ　評価・換算差額等		
その他有価証券評価差額金	283,000	287,000
［評価・換算差額等合計］	283,000	287,000
純資産合計	1,302,000	1,406,000
負債純資産合計	2,386,000	2,537,100

〔付記事項〕

1．流動資産中の貸倒引当金は、受取手形と完成工事未収入金に対して設定されたものである。
2．その他流動資産は営業活動に伴うものであるが、当座の支払能力を有するものではない。
3．投資その他の資産は、すべて営業活動には直接関係していない資産である。
4．引当金及び有利子負債に該当する項目は、貸借対照表に明記したもの以外にはない。
5．第24期において繰越利益剰余金を原資として実施した配当の額は25,000千円である。

損益計算書

（単位：千円）

	第23期 自 平成×8年4月1日 至 平成×9年3月31日		第24期 自 平成×9年4月1日 至 平成×0年3月31日	
Ⅰ 完成工事高		2,050,000		2,031,000
Ⅱ 完成工事原価		1,820,000		1,760,000
完成工事総利益		230,000		271,000
Ⅲ 販売費及び一般管理費		142,000		153,000
営業利益		88,000		118,000
Ⅳ 営業外収益				
受取利息	900		650	
受取配当金	10,000		10,000	
その他営業外収益	2,000	12,900	3,000	13,650
Ⅴ 営業外費用				
支払利息	1,700		1,600	
社債利息	800		800	
為替差損	2,600		100	
その他営業外費用	300	5,400	450	2,950
経常利益		95,500		128,700
Ⅵ 特別利益		3,400		1,700
Ⅶ 特別損失		2,800		3,400
税引前当期純利益		96,100		127,000
法人税、住民税及び事業税	8,200		14,000	
法人税等調整額	△ 1,000	7,200	△ 18,000	△ 4,000
当期純利益		88,900		131,000

〔付記事項〕

1．第24期における有形固定資産の減価償却費及び無形固定資産の償却費の合計額は9,400千円である。

2．その他営業費用には、他人資本に付される利息は含まれていない。

キャッシュ・フロー計算書（要約）

（単位：千円）

	第23期 自 平成×8年4月1日 至 平成×9年3月31日	第24期 自 平成×9年4月1日 至 平成×0年3月31日
Ⅰ 営業活動によるキャッシュ・フロー	10,000	350,000
Ⅱ 投資活動によるキャッシュ・フロー	△28,000	△36,000
Ⅲ 財務活動によるキャッシュ・フロー	△4,000	△137,000
Ⅳ 現金及び現金同等物の増加・減少額	△22,000	177,000
Ⅴ 現金及び現金同等物の期首残高	175,000	153,000
Ⅵ 現金及び現金同等物の期末残高	153,000	330,000

完成工事原価報告書

（単位：千円）

	第23期 自 平成×8年4月1日 至 平成×9年3月31日		第24期 自 平成×9年4月1日 至 平成×0年3月31日	
Ⅰ 材料費		309,400		299,200
Ⅱ 労務費		127,400		123,200
（うち労務外注費）	(98,000)		(104,000)	
Ⅲ 外注費		1,092,000		1,056,000
Ⅳ 経費		291,200		281,600
完成工事原価		1,820,000		1,760,000

各期末時点の総職員数

	第23期	第24期
総職員数	35人	37人

解答＆解説

問1

A	経営資本営業利益率	5.96	%	（小数点第3位を四捨五入し、第2位まで記入）
B	流動比率	177.09	%	（同上）
C	未成工事収支比率	229.23	%	（同上）
D	負債回転期間	6.68	月	（同上）
E	自己資本比率	55.42	%	（同上）
F	総資本回転率	0.83	回	（同上）
G	労働装備率	15.60	百万円	（同上）
H	営業キャッシュ・フロー対負債比率	31.60	%	（同上）
I	付加価値率	28.15	%	（同上）
J	配当性向	19.08	%	（同上）

問2

記号（ア～ル）

1	2	3	4	5	6	7	8	9	10
シ	イ	ス	キ	ホ	ア	ハ	サ	ヤ	ニ